化 工 仿 真 培 训 用 书

化工仿真
实习指南
第三版

吴重光 著

U0387949

化学工业出版社
·北京·

图书在版编目（CIP）数据

化工仿真实习指南 / 吴重光著. —3 版. —北京：化学工业出版社，2012.7（2019.1 重印）

ISBN 978-7-122-14262-7

Ⅰ. ①化⋯　Ⅱ. ①吴⋯　Ⅲ. ①化学工业-计算机仿真
Ⅳ. ①TQ015.9

中国版本图书馆 CIP 数据核字（2012）第 094800 号

责任编辑：刘　哲　　　　　　　　　　装帧设计：张　辉
责任校对：徐贞珍

出版发行：化学工业出版社（北京市东城区青年湖南街 13 号　邮政编码 100011）
印　　装：大厂聚鑫印刷有限责任公司
787mm×1092mm　1/16　印张 10¾　字数 265 千字　　2019 年 1 月北京第 3 版第 3 次印刷

购书咨询：010-64518888　　　　　　　售后服务：010-64518899
网　　址：http://www.cip.com.cn

凡购买本书，如有缺损质量问题，本社销售中心负责调换。

定　　价：28.00 元　　　　　　　　　　　　　　　　版权所有　违者必究

前　言

　　计算机辅助教学（CAI）主要包含办公自动化、多媒体教学和仿真教学（又称模拟教学）三方面内容。其中仿真教学是运用实物、半实物或全数字化动态模型深层次揭示教学内容的新方法，是计算机辅助教学的高级阶段。

　　本书是对作者开发的"化工过程及系统控制仿真实习系列软件"全面且详尽的说明。该软件采用先进的编程思想，将复杂的化工过程，包括控制系统的动态数学模型，在微机中实时运行，并通过彩色图形控制操作画面，以直观、方便的操作方式进行仿真（模拟）教学的软件。软件能够深层次揭示化工过程及控制系统随时间动态变化的规律，具有全工况可操作性。仿真软件将过程工业中典型的单元操作，如离心泵、热交换器、压缩机、间歇反应、连续反应、加热炉、吸收、精馏等，包括控制系统，开发成一系列可独立运行的软件。此外还包括锅炉及常压减压蒸馏等流程级仿真软件。这些软件经过精选，都有真实的工厂作背景，已经成功地培训过我国化工、石油化工和炼油厂技术工人100万人。

　　仿真教学的一种重要用途是解决本科、高职和中职院校生产实习问题。长期以来，由于学校缺乏经费，难于承受实习费用，工厂为了安全和效益不允许学生动手操作，因此，学生实习难成为普遍性问题。仿真实习可以使学生不进工厂就能得到开车、停车和事故处理操作机会，仿真实习将会成为学校解决实践环节的主要手段。当前，我国科技人员已有能力开发最复杂的大型石油化工全流程级仿真培训系统。二十多年来，大约有1000多套国产化仿真培训系统在化工、石油化工和炼油企业投入使用，有关科研成果多次获省部级和国家级科技进步奖。

　　仿真培训技术在企业中的成功应用，为学校采用仿真实习技术创造了条件，得益于微型机性能价格比大幅度提高以及全微机化仿真培训系统研制成功，学校只要配置几十台微机，装上本书推荐的仿真培训软件，即可实现大批学生同时进行仿真实习。迄今，国内约有百余所化工类院校争相采用仿真培训系统，辅助教学效果非常显著。

　　本书在内容取材方面进行过广泛调研和优选，概括起来有以下特点。

　　（1）强调工业背景　书中涉及的仿真软件都具有真实的工业背景，工艺流程、设备结构和自控方案都来源于实际，并且成功地培训过大批学员，通过部级技术鉴定。数学模型采用现场数据反复校核，个别软件在离线操作调优中取得成功。可见仿真软件中包含有丰富的工业背景知识。

（2）适用面广　通过精选的单元操作内容都是过程工业中最常见的，适用于化工、石油化工、炼油、精细化工、高分子化工、制药和环境工程等许多相关专业。就工业过程控制而言，仿真系统中模拟了常见的单回路控制、串级控制以及多种先进控制和联锁保护系统，不仅适用于工艺专业教学，也适用于自动控制专业教学。

（3）操作与控制界面先进　为了使操作与控制界面具有广泛的代表性和先进性，仿真软件采用了 1995 年后问世的新型智能过程控制系统（IPC）画面标准，具有形象的窗口画面和"所见即所得"全鼠标快捷操作模式，人-机交互性好，易学易用。

（4）突出操作实践　书中内容是以往教科书中所缺乏的。本书重点描述工业装置如何开车、停车和常见事故处理。全书字里行间蕴含着大量物理、化学、工艺和控制原理知识，配合仿真软件为读者提供了独立思考的空间。

（5）内容由浅入深，由简到繁，相互呼应，相互补充　初学者可以先从简单的仿真实习软件入手，逐步掌握较为复杂的软件。选用 65t/h 一氧化碳锅炉仿真软件并非针对热能专业的学生，其目的是给学生一个适中的全流程级装置，在熟悉了基本操作后，能在 2～3 天内独立地完成开车操作。书中前面已经提到的基本单元操作，在后面复杂装置开车步骤中适当简化处理。

（6）附有大量思考题　思考题涉及到工艺流程、操作原理、设备原理、控制原理、事故现象、产生原因和排除方法等多方面知识，有利于启发学生理论联系实际以及更深刻地理解本书的内容。

（7）实用性强　全书每一章节的内容都有仿真软件与之配套，是仿真实习教学过程中教师和学生时刻不能离手的指导书。

（8）提倡新的教学方法　千百年来，传统的教学方法是"老师讲、学生录"的方式，而且这种教学方法直到今天仍未改变。然而中外教育学家一致认为：传统的教学方法教学效果差，已经到了非改不可的地步。因为人类接受知识的过程是一种多通道综合作用的过程，这些通道主要有感觉通道，包括视觉、听觉、触觉、平衡感觉、嗅觉和味觉；运动通道，包括手、眼、足、身体和语音；思维通道，包括大脑的记忆、分析、联想和决策。传统的教学方法只利用了较少的通道，如视觉、听觉等，因此教学效率不高。仿真训练是一种多通道综合作用的教学方法。学员置身于仿真环境之中，可以充分调动感觉通道、运动通道和思维通道的学习机能，接受知识的效率明显提高。

此外，仿真训练系统是一种能够充分发挥学生创造意识的环境。学生可以在没有教师的情况下自学，并反复试验自行设计的开车方案、停车方案和事故排除方案。

根据人类的记忆规律，为了将所学内容长期保持，必须经历一个反复学习的过程。而传统课堂教学，主讲教师授课是一次性的，所以效果不好。仿真训练可反复进行，直到将所学知识烂熟于心。

综上所述，仿真训练对于学生了解化工过程的工艺和控制系统的动态特性、提高对工艺过程的运行和控制能力具有特殊效果。这种运行、调整和控制能力集中反映了学生运用理论知识解决实际问题的水平。所以，仿真训练是运用高科技手段强化学生掌握知识和理论联系实际的新型教学方法。随着信息时代到来，仿真技术已成为改革千百年来传统的"老师讲、学生录"教学方法的重要手段。期望本书除了用于仿真实习之外，能够在推广现代化教学技术方面起到抛砖引玉之作用。

本书是《化工仿真实习指南》的第三版，第一版发行后得到广大读者的厚爱，"化工过程及系统控制仿真实习系列软件"迅速在几十所高等院校推广应用。作者亲临每所学校进行技术培训，跟踪征求意见，对仿真软件多次改进升级。为了充分体现本软件的进展及读者与用户的宝贵意见，作者对原书内容进行了重大删改和增补，特别增加了常压减压蒸馏流程级仿真软件。借此修订再版的机会，作者向所有关心、支持且提出宝贵意见的教师和读者们致以诚挚的谢意。

由于作者水平有限，书中难免有不妥之处，恳请读者批评指正。

吴重光

2012 年 5 月

需要订购本书配套软件的单位请按如下地址联系

联系人：吴重光　　吴霞

电　话：010-84963031、13901206387

E-mail：wucg169@163.com

本书常用单位换算

书中使用的非法定单位与法定单位的换算如下：

1cal=4.18J

1mmHg=133.322Pa

$1mmH_2O=9.806Pa$

$1kgf/cm^2=9.806Pa$

1atm=101325Pa

1in=25.4mm

1rpm=1r/min

$1Nm^3/h=1m^3/h$（标准状况）

目　　录

第一章
仿真实习技术

第一节　仿真实习技术简介

一、什么是仿真实习技术

仿真实习技术是以仿真机为工具，用实时运行的动态数学模型代替真实工厂进行教学实习的一门新技术。

仿真机是基于电子计算机、网络或多媒体部件，由人工建造的，模拟工厂操作与控制或工业过程的设备，同时也是动态数学模型实时运行的环境。

动态数学模型是仿真系统的核心，是依据工业过程的数据源由人工建立的数学描述。这种数学描述能够产生与工业过程相似的行为数据。动态数学模型一般由微分方程组成。用于仿真实习的动态数学模型应当满足：数值求解的实时性、全量程随机可操作性、逼真性和高度可靠性。

二、仿真实习技术的产生背景

20世纪80年代中期以来，由于国产化工过程仿真培训系统的研制成功，采用仿真技术解决生产实习的化工类本科、高职、中职院校迅速增多。1995年以后，随着微型计算机性能大幅度提高，价格下降，以及国产化仿真培训系统日趋成熟，为仿真实习技术广泛普及创造了条件。

在仿真实习技术尚未出现之前，学校只有下厂实习一条路可走。工厂由于顾及安全和效益，一般不允许学生动手操作，因此下厂实习效果普遍不好。学校由于缺乏经费，难于承受不断上涨的实习费用，学生实习难已经成为长期困扰学校的普遍性问题。仿真实习技术是解决以上难题的最佳选择和理想方法。目前，仿真实习技术已成为一种国际公认的高效现代化教学手段。

三、仿真实习的优点

与传统的下厂实习相比，仿真实习有如下优点。

① 为学生提供了充分动手的机会，学生可在仿真机上反复进行开车、停车训练，这在真实工厂中是难以实现的。

② 高质量的仿真器具有较强的交互性能，使学生在仿真实习过程中能够发挥学习主动性，实习效果突出。

③ 仿真软件提供快门设定、工况冻结、时标设定、成绩评定、趋势记录、报警记录、参数设定等特殊功能，便于教师实施各种新的教学与培训方法，真实工厂无法实现。

④ 可以设定各种事故和极限运行状态，提高学生分析能力和在复杂情况下的决策能力，真实工厂根本不允许进行。

⑤ 在仿真机上，学生变成学习的主体。学生可以根据自己的具体情况有选择地学习。例如自行设计、试验不同的开、停车方案，试验复杂控制方案、优化操作方案等。真实工厂考虑到生产安全及正常生产计划，决不允许这样做。

⑥ 仿真实习软件具有自动评价功能，对学生掌握知识的水平随时进行测评。在下厂实习中，一位教师无法同时跟踪众多学生进行测评。

⑦ 安全性。其一是指学生在仿真器上进行事故训练不会发生人身危险；其二是不会造成设备破坏和环境污染等经济损失，因此，仿真实习是一种最安全的实习方法。

⑧ 节省开支。采用仿真实习技术解决实习教学，可以节省设备运行费、物料能量损耗费、实习人员下厂经费等大量开支。

综上所述，仿真实习与传统的下厂实习相比，在许多方面具有更好的效果。

四、仿真实习的作用

任何一项新的技术都有其局限性。由于高档图形工作站价格昂贵，当前的仿真实习系统还难于实现化工过程三维动态视景功能，无法产生真实化工生产过程的临境感受，也无法实现对不同设备的拆装技能和力度训练。这些功能可能将来部分由虚拟现实（VR）技术实现。

当前仿真实习在化工类学校主要起如下作用：

① 深入了解化工过程系统的操作原理，提高学生对典型化工过程的开车、停车运行能力；

② 掌握控制器的基本操作技能，进而熟悉 PID 参数的在线整定；

③ 掌握复杂控制系统的投运和调整技术；

④ 提高对复杂化工过程动态运行的分析和决策能力，通过仿真实习训练能够提出最优开车方案；

⑤ 在熟悉开、停车和复杂控制系统的调整基础上，训练识别事故和排除事故的能力；

⑥ 科学地、严格地考核与评价学生经过学习训练后所达到的操作水平以及理论联系实际的能力。

以上 6 种作用表明，仿真实习对于学生了解工艺和控制系统的动态特性，提高对工艺过程的运行和调整控制能力具有特殊的作用。这种运行、调整和控制能力集中反映了学生运用所学的理论知识分析和解决问题的水平。仿真实习是运用高科技手段强化学生理论联系实际的新型教学方法。

五、仿真实习软件的主要用途

大量的应用表明，仿真实习软件不单能解决生产实习问题，在工程教学中还有多种用途，例如：

① 认识实习　用于新入学的学生了解化工、石油化工及炼油过程的工艺与新型计算机控制系统；

② 课堂演示　结合工厂实际，在相关课程中由教师进行课堂动态模拟演示；

③ 课程设计　通过仿真操作，从动态模拟软件获取工业数据，将设计结果进行模拟检验；

④ 过程控制　掌握工业（PID）控制器的使用、参数调整及复杂控制系统的投运方法，这些技术对化学工程和过程控制专业的学生具有同等重要意义；

⑤ 化工安全　通过动态模拟试验，了解事故动态演变过程的特性，理解事故工况下的安全处理方法，理解安全保护控制系统的作用原理。

第二节 仿真实习的教学规律

一、下厂认识实习

为了加强仿真实习的效果，尤其对于从未见过真实化工过程的学生而言，仿真实习前先到工厂进行短期认识实习是十分必要的。通过认识实习，可以了解各种化工单元设备的结构特点、空间几何形状、工艺过程的组成、控制系统的组成、管道走向、阀门的大小和位置等，使学生建立起一个完整的、真实的化工工艺过程概念。

二、熟悉工艺流程、控制系统及开车规程

在认识实习的基础上，还需采用授课的方式使学生对将要仿真实习的工艺流程，包括设备位号、检测控制点位号、正常工况的工艺参数范围、控制系统的原理、阀门及操作点的作用以及开、停车规程等知识具有详细的了解。

必要时，可采取书面流程图填空的方法进行测验，以便了解学生对工艺流程的掌握情况。

如果不进行以上内容教学，就直接开始仿真实习，学生可能会无从下手，教师可能会面临学生的众多提问而忙乱不堪。

三、仿真实习操作训练

在下厂认识实习、熟悉流程和开停车规程的基础上，可以进入仿真实习阶段。为了达到较好的仿真实习效果，应本着由常见的典型单元操作开始，经过工段级的操作实习，最后进行大型复杂工艺过程的仿真开、停车及事故实习。越复杂的流程系统，操作过程中可能出现的非正常工况越多，必须训练出对动态过程的综合分析能力，各变量之间的协调控制（包括手动和自控）能力，掌握时机、利用时机的能力，以及对将要产生的操作和控制后果的预测能力等，才能自如地驾驭整个工艺过程。

这种综合能力（素质），只有通过反复多次训练才能获得。为了促进这种能力的获取，仿真实习系统数学模型的时间常数一般比真实系统小，因此，学生必须投入更大的注意力和反应速度。这也是仿真实习在教学中的优势所在。

对于复杂的工艺过程，尤其是首次仿真开车，学生难免出现顾此失彼的局面。教师可以实施"同步教学法"，即由教师统一指挥，全体学生跟踪老师的指挥，同时把各自的工艺过程开至正常工况。这种全过程由教师引导的"同步教学法"，可以增强学生的自信心，激发学生的学习兴趣，体会教师所策划的开车技巧，提高仿真实习效率。

四、分析与讨论

分析和讨论是仿真实习重要的环节。实习过程中所碰到的各种现象，只有通过讨论才能提高到理性上加以认识。为此，本书对于每一个仿真实习项目都给出了较多的思考题，目的在于启发学生理论联系实际，打开思路。

教师在分析讨论中具有主导作用，应启发学生有意识地联系相关课程所学的知识，如化工原理、物理化学、控制原理、化工机器、化工计算、化学反应工程以及相关专业课程等，进而，可以进行若干工艺过程测试及计算，例如加热炉总热效率的计算、离心泵特性曲线测取，或在线控制器参数整定等内容。

仿真实习完成后，学生必须做出详细的仿真实习报告，与仿真实习考试成绩一并存档。

五、安全教育

安全教育在化工类学生的实习中是必须进行的内容。仿真实习可以通过事故排除训练使安全教育具体化、实用化。通过仿真实习，学生可以了解事故产生的原因、危险如何扩散、会造成什么后果、如何排除以及最佳排除方案是什么。若配合网络多媒体设备演示典型事故案例的录像，同时辅以教师讲解和分析，效果会更好。

六、仿真优化生产试验

改革传统的"教师讲、学生录"的落后教育方式，仿真实习是一种很好的方法。除了以上所进行的各种基本教学内容和素质训练外，还可以锻炼学生的创新能力。例如，借助于仿真实习高效、无公害的特点，学生可以自己设计、试验最优开车方案，探索最优操作条件和最优控制方案，分析现有工艺流程的缺点和不足，提出技术改造方案，并通过仿真试验进行可行性论证等。

第二章
仿真实习软件界面操作方法及操作要点

第一节　智能控制（IPC）模式操作法

一、概述

1. 技术背景

20 世纪 90 年代以来，微电脑的发展日新月异，低价格、高性能、长寿命的工业微机（IPC、PCC）异军突起，迅速占领工业控制市场。微机图形技术的发展，使得操作画面直观、形象、容易掌握。工业过程计算机控制，包括 DCS 系统（集散型控制系统），出现了硬件微机化、软件通用化的大趋势。例如，目前国际上销量很大的 FIX、Intouch、Onspec 和 Citect 等微机工业控制软件，具有功能强、价格低、通用性好、可以直接在 Windows 环境下运行、可共享 Windows 的软件资源、操作与控制画面形象细致、简便易学等优点，正在大范围被用户接受。

基于 IPC 模式的仿真实习软件操作画面具有如下特点。

① 操作画面采用 Windows 风格，直接在流程图画面上以"所见即所得"的新概念完成全部手动和自动操作。与传统的 DCS 相比，更为直观、形象、快捷和简单。

② 操作画面的内容及分类与 DCS 具有相似性，虽然不属于某种 DCS 模式，但完全可以使学生得到 DCS 的概念。况且新型 DCS 产品亦转向 Windows 风格。

③ 画面操作无需特殊硬件，仅靠一只鼠标就能完成各项操作。这一优点使得本仿真软件可以大规模在普通微机上推广应用。

④ 本仿真实习软件由开发平台支持。操作画面及画面中的操作对象由组态方法生成，具有面向对象和信息驱动的特征。因此，软件使用方法一致、开发重复劳动少、效率高。

⑤ 软件采用了作者提出的全程压缩及多种节省计算容量的技术。

⑥ 针对实习教学的特点，操作画面增加了排液指示、火焰指示、特性曲线显示、设备局部剖面及动画显示等新功能。

2. 画面分类

本仿真实习软件根据操作需要，设计了 6 种基本画面，分列如下。

① 流程图画面（G1～G4），仿真实习的主操作画面（详见本节三）。

② 控制组画面（C1～C4），集中组合控制器、手操器或开关的画面（详见本节四）。

③ 指示组画面（C1～C4），集中组合重要变量棒图的画面（详见本节七）。

④ 趋势组画面（T1、T2），集中组合重要变量趋势曲线的画面（详见本节五）。

⑤ 报警组画面（A1、A2），集中组合重要变量超限闪光报警的画面（详见本节六）。

⑥ 帮助画面，操作过程中随时可以调出，用于画面及控制功能的提示（详见本节八）。

3. 新版仿真软件（PS-2000）运行方法提示

① 10个软件分别为独立运行模式，既可以从"开始"→ 菜单中选择运行某一个仿真实习软件，也可以从桌面的文件夹"PS-2000"中双击某一个快捷图标选择运行某一个软件。

② 当选中某一个软件时，注意软件的启动有一个初始化过程，首先要等待数秒（老型号微机可能等待时间稍长一些），当标有"仿真实习软件"的启动画面出现时，继续等待数秒，直到画面左上角出现旋转的地球动画，此时软件处于待运行状态。**注意当转动的地球动画出现之前，不要急于反复双击快捷图标，以防启动同一软件的多个任务**（如果出现启动多个同一任务时，本软件自动保留一个任务运行，并将其他任务终止）。

③ 仿真实习软件的操作、监视与控制，通过鼠标点击上方"工具栏"的图标按键，选择进入相应的画面，同时在左下方的状态（提示）栏中给出文字提示。软件的操作激活，首先必须选择（鼠标单击）工具栏最末端的"红色三角"图标，软件即从启动画面自动进入第一流程图画面（G1）。

④ 仿真软件的主要操作画面，有流程图画面（G1，G2，……）、控制组画面包括指示画面（C1，C2，……）、趋势画面（T1）、报警画面（A1）和自动评分画面（Sc），当鼠标引导的光标指向工具栏的某一图标按键时，状态提示栏中都有对应的文字说明。

⑤ 工具栏中标有（P1，P2，……）的图标按键，是新增的工程图片素材画面，**注意状态提示栏显示的说明**。

⑥ 工具栏中标有"一本书"的图标按键，是新增的PS操作说明画面。

⑦ 软件退出仅设一个出口，实现方法是点击左上角菜单栏的"文件（F）"，然后在下拉菜单中选择"退出"，软件即终止运行且退出。

本软件的画面调出方法属于快捷键方式，具有直接快速的优点。

图例如图2-1。

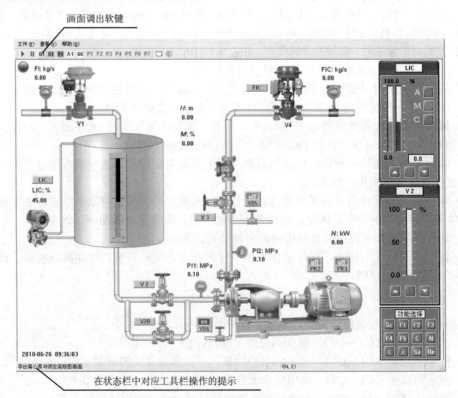

图 2-1　工具栏和状态栏图例

二、画面中主要操作与显示位图说明

1. 开关位图（图 2-2）

操作方法 用鼠标控制画面中的光标（指针），使其进入开关选定框（红色或绿色背景色的区域内），然后按动鼠标的左键。每按左键一次开关状态翻转一次。开状态为"on"（背景为红色），关状态为"off"（背景为绿色）。

2. 手操器位图（图 2-3）

操作方法 用鼠标控制画面中的光标。当光标进入流程图画面中的某一个手操器位号标识牌时，单击鼠标左键一次，在流程图画面右边中部手操器位图的位号标识处即会显示选中手操器的位号。此时可以对该手操器进行任意操作。当光标指向手操器位图中的加速软键并且按动鼠标左键，加速状态翻转。键位颜色变深为加速状态，变浅为非加速状态。加速状态以 10%增减，非加速状态以 0.5%增减。当光标指向增量或减量软键并且按动鼠标左键，每按一次，手操器的输出增加或减少一次，红色的指示棒图会随之变化显示手操器的开度。手操器的上下限统一规定为 0～100%相对量。在新的手操器位号选中之前，该手操器始终可以任意操作。

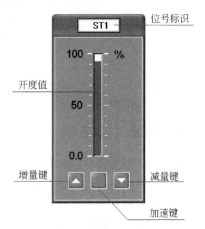

图 2-2　开关位图　　　　　　　　图 2-3　手操器位图

3. 控制器位图（图 2-4）

操作方法 用鼠标控制画面中的光标。当光标进入流程图画面中的某一个控制器位号标识牌时，单击鼠标左键一次，在流程图画面右边上部控制器位图的位号标识处即会显示选中控制器的位号。此时可以对该控制器进行任意操作。当控制光标指定自动软键"A"并且按动鼠标左键，则状态翻转，进入自动状态，自动软键的颜色加深，且手动软键"M"颜色同步变浅。设定串级的方法是使串级软键"C"颜色加深，且相关的主、副控制器均处于串级及自动状态。当控制器处于手动状态时，位图中的增、减软键和加速软键对输出产生作用。当控制器处于自动状态时，位图中的增、减软键和加速软键对给定产生作用。增减的百分比同手操器。控制器的输入值由绿色棒图指示，给定值由红色棒图指示，输出值由方框中的数字显示。输出值统一规定为 0～100%。输入值和给定值的上下限一致。手动状

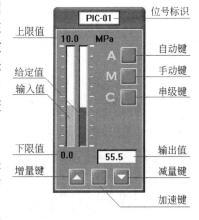

图 2-4　控制器位图

态时给定值跟踪输入值。在新的控制器位号选中之前，该控制器始终可以任意操作。

4. 功能选择键盘（图 2-5）

操作方法 新版仿真软件将键盘的功能键（F1～F12）选择功能改变为位图模式，用鼠标直接选择操作。功能选择位图在流程图画面和控制组画面的右下方。功能选择位图中有 12 个软键对应原 12 种功能选择，见图 2-5 中的说明。当鼠标移动光标进入任何一个软键位置，单击鼠标左键，该软键颜色加深，表示该功能被选中。例如，当点击"N"软键时，软件运行自动进入正常工况状态；当点击"C"软键时，软件运行自动进入冷态工况状态；当点击"Sc"软键时，会在画面的中部弹出开车评分位图，此时程序冻结，直到按动键盘的"空格"键时评分位图消除，软件继续运行；点击"F1"至"F5"，通常应当先选择"N"，在正常工况下分别引入 5 种事故，以便进行事故训练；点击"＞"或"＜"，可以使软件的运行时标加快一倍或减慢一倍。点击"Sa"，可以记忆点击时刻的工况，点击"Re"，可以再现所记忆的工况。

图 2-5 功能选择键盘操作说明

Sc 开车评分；F1 第 1 事故；F2 第 2 事故；F3 第 3 事故；F4 第 4 事故；F5 第 5 事故；
C 冷态工况；N 正常工况；＜ 时标减慢；＞ 时标加快；Sa 存入快门；Re 读出快门

5. 键盘热键（图 2-6）

为了简化操作，方便使用，键盘的热键使用从原来的 26 个精减为 4 个，如图 2-6 所示。在报警画面中，当报警点闪烁时，按动"Shift"键为报警确认键，表示操作员已经知道报警内容，并且报警点停止闪烁。如果出现报警不按动报警确认键，即使报警状态恢复正常，该报警点仍然闪烁，提示该报警点出现过异常，但操作员没有关注。"空格"键是在选择功能键"Sc"处于显示开车评分且软件运行冻结时，退出评分显示模式所使用的热键。"←"和"→"标有箭头的热键，在趋势画面中用于长时间挡或短时间挡的切换。

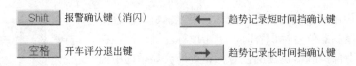

Shift 报警确认键（消闪）   ← 趋势记录短时间挡确认键

空格 开车评分退出键   → 趋势记录长时间挡确认键

图 2-6 键盘热键说明

6. 开车成绩显示位图（图 2-7）

本位图用于开车成绩报告，没有任何操作。本报告是从冷态开始直到正常工况的操作评分，包括了开车步骤是否正确，出现过多少次报警，达到正常工况后各重要参数与设计值的偏差程度的评价。因此，本位图必须在开车达到正常工况，并且稳定后再导出。

开车自动评分		
1	开车步骤成绩	37.00
2	开车安全成绩	84.0
3	正常工况质量	60.00
4	开车总平均成绩	60.33

图 2-7 开车成绩显示位图

三、流程图画面

流程图画面中包含有与实习操作有关的化工设备和控制系统的图形、位号及数据的实时显示。本画面是主操作画面，在本画面中可以完成控制室与现场全部仿真实习的手动和自动操作。在流程图画面中的操作内容如下。

① 通过开关位图完成开关操作。"开关"在此表示一类操作，例如电机、电钮的开与关，快开阀门的开与关，联锁保护开关或者一系列操作步骤的完成。

② 通过手操器位号选定标牌导出手操器位号，然后用鼠标完成0～100%的增量或减量操作。例如现场手动阀门、烟道挡板的开启或关闭。

③ 通过控制器位号选定标牌导出控制器位号，然后用鼠标完成自动、手动切换，自动状态下的给定值调整，串级设定，手动状态下的输出值调整等任务。

流程图画面的示例见图2-8。

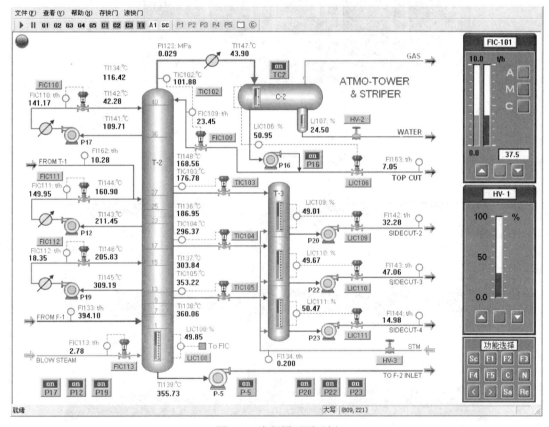

图2-8　流程图画面示例

四、控制组画面

控制组画面是集中控制器位图的画面。考虑到有些流程小的软件控制器少，在控制组画面中辅以手操器、开关或指示器，以便提高操作效率。所有控制器、手操器和开关上的软键都能直接点击操作。

控制组画面的示例见图2-9。

五、趋势组画面

每幅画面最多显示6条记录曲线，设长时间和短时间两挡，由键盘上的"←"和"→"键控制。每条曲线的右边框为当前值。趋势组画面示例见图2-10。

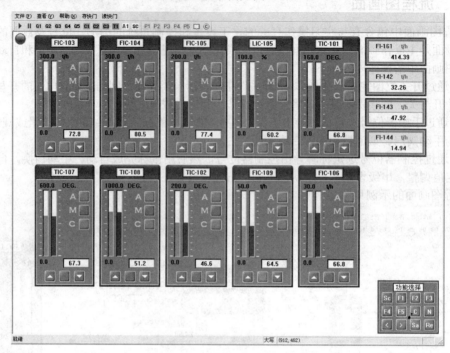

图2-9　控制组画面示例

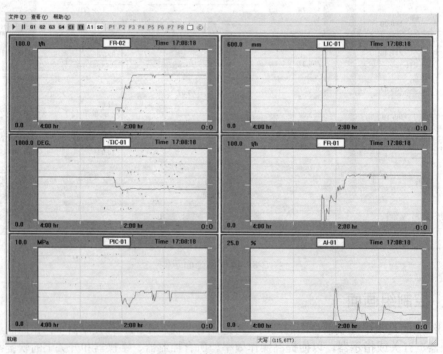

图2-10　趋势组画面示例

六、报警组画面

　　每幅报警组画面最多显示36个报警点。当某点超限报警时，会有声响提示。若超下限对应位号有粉红色的信号闪动，若超上限对应位号有红色的信号闪动。报警发生的时间记录精确到秒。按动键盘"Shift"键为"确认",信号闪动停止。正常工况信号块为绿色。报警组画面的示例见图 2-11。

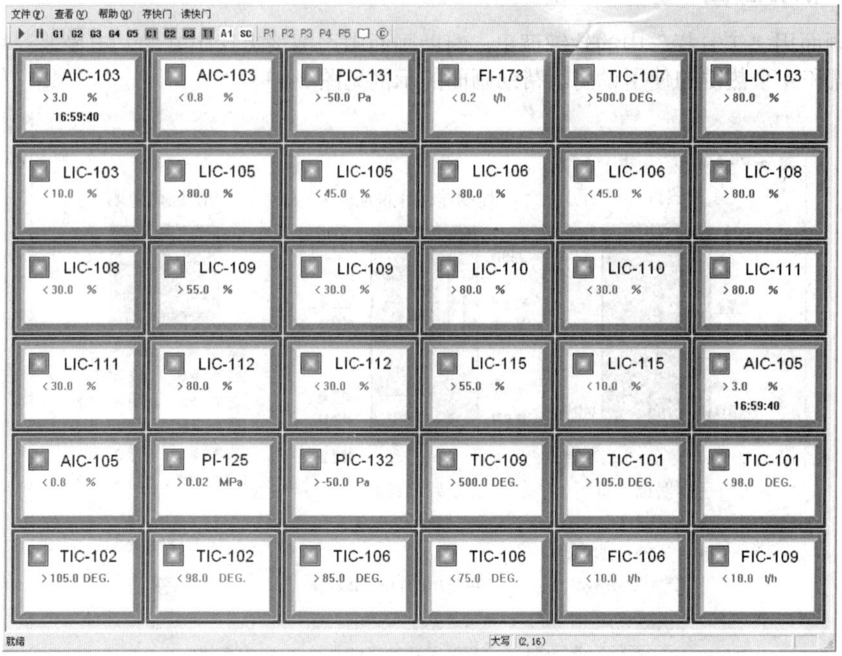

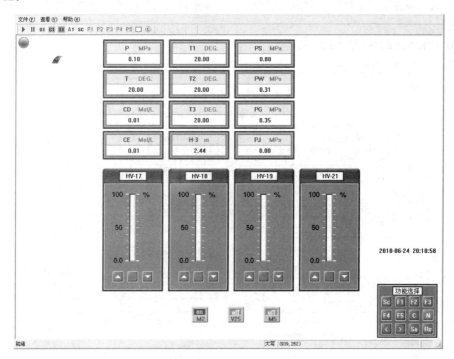

图 2-11　报警组画面示例

七、指示组画面

位图以窗口方式指示变量位号、单位和数值大小。指示组画面与控制组画面联合显示,示例见图 2-12。

图 2-12　指示组画面示例

八、帮助画面

帮助画面用"工具栏"中的软键调出。帮助画面中用图形表达了开关、手操器、控制器、功能选择键盘和4个热键的使用说明。帮助画面的示例见图2-13。

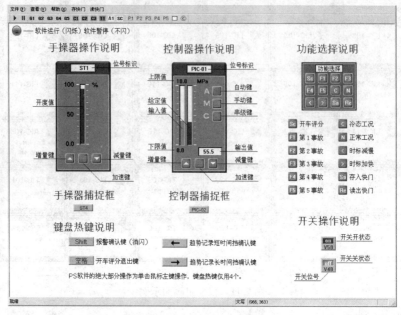

图 2-13　帮助画面示例

九、评分记录画面

评分记录画面用"工具栏"中的软键调出。本画面显示当前的评分细节，供教师评价学员开车成绩用。

评分记录画面的示例见图2-14。

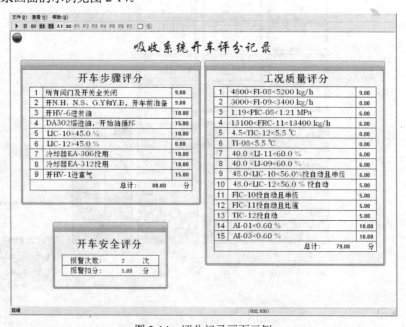

图 2-14　评分记录画面示例

十、PS-2000 的新功能与新特点

1. 高清晰彩色画面

PS-2000 软件的所有画面，即流程图画面、控制组画面、报警画面、趋势记录画面和开车评分画面，都采用（1024×768）最高 32 位高清晰彩色画面。

2. 3D 和动画显示

软件控制和操作按钮采用 3D 模式，流程图画面的设备、阀门、单元操作的管路采用 3D 图形，压缩机运行、燃烧器燃烧、运行"水晶球"等都具有 3D 动画显示，真实感强，形象生动。

3. 采用多种工程图片加强工程教学效果

作者在长期搜集的数千张工程彩色照片中精选了大量与 PS-2000 软件密切相关的内容，按照静设备、动设备、各类阀门、控制阀、传感器等详细分类显示，包括设备的内部结构，并且加有文字标注。这是新版软件的最大特色之一，为多个相关专业的学生提供了直观形象的实践教学素材。部分工程图片画面如图 2-15 和图 2-16 所示。

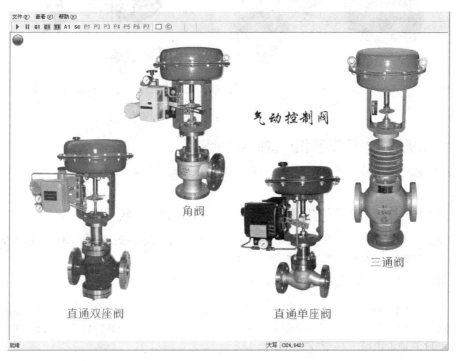

图 2-15　多种气动控制阀画面示例

4. 操作说明画面

为了方便软件的使用，新增了 PS-2000 软件操作说明画面，当使用者需要提示信息时，可以随时切换到操作说明画面，画面通过图形标注方式给出直观简要的提示。此外，各画面的工具栏选择项目在状态栏中都给出了对应提示信息。

5. 对数学模型和操作模式进行新一轮优化

本软件在 15 年的应用过程中进行过多次改进和优化，在换代过程中再次进行了新一轮的优化。优化工作包括部分数学模型的动态稳定性增强、控制器和手操器捕捉方式的直观性增强、各测控操作画面功能的增强和减少大量文件信息随着使用时间增加而大量堆积等方面。优化工作使

得 PS-2000 软件运行更可靠，使用更简捷。

图 2-16　差压及压力变送器画面示例

6. 简易快捷的解压安装和一键卸载功能

PS-2000 软件的安装和卸载采用在"导航"对话框画面的提示下自动进行，具有简单、方便与快捷等优点。

7. 适用于微软公司已推出的所有 Windows 操作系统

由于 PS-2000 改用 VC++开发，经测试，本软件可以在 Windows 98/Windows me/ Windows 2000/ Windows XP/ Windows 7 等操作系统上直接运行。

8. 采用 USB 加密狗进行软件保护

随着计算机硬件技术的发展，并行接口（打印机口）已经逐渐被淘汰。PS-2000 改用 USB 加密狗进行软件保护，提供 64 位计算机的新驱动软件（已经打包在安装软件中）。PS-2000 可以在新型计算机和笔记本电脑上任意安装使用。

第二节　化工过程操作要点

仿真训练可以使学员在短时期内积累较多的化工过程操作经验，这些经验还能反映学员理论联系实际和分析问题解决问题的综合水平。本节总结出化工工艺过程操作要点供师生们参考。不同的要点体现在各仿真实习软件之中，通过举例给出了简要提示，读者可参考这些要点在仿真实习过程中触类旁通。

1. 熟悉工艺流程，熟悉操作设备，熟悉控制系统，熟悉开车规程

虽然是仿真实习，也必须在动手开车之前达到"四熟悉"。这是运行复杂化工工艺过程之前应当牢记的一项原则。

熟悉工艺流程的快速入门方法，是读懂带指示仪表和控制点的工艺流程图。本仿真软件的流程图画面已非常接近这种工艺流程图。工程设计中称此图为 P&ID。还应当记住开车达到正常设计工况后各重要参数，如压力 P、流量 F、液位 L、温度 T、分析检测变量 A、组成成分、百分浓度等具体的量化数值。若有条件了解真实系统，应当对照 P&ID 图确认设备的空间位置、管路走向、管道直径、阀门位置、检测点和控制点的位置等。有可能还应进一步了解设备的内部结构。

操作设备是开车时所涉及的所有控制室和现场的手动和自动执行机构，如控制室的控制器、遥控阀门（操作器）、电开关、事故联锁开关等；现场的快开阀门、手动可调阀门、烟道挡板、控制阀、电开关等。仿真开车过程中要频繁使用这些操作设备，因此必须熟悉有关操作设备的位号，在流程中的位置、功能和所起的作用。

自动控制系统在化工生产过程中所起的作用越来越大。为了维持平稳生产、提高产品质量、确保安全生产，自动控制系统在化工生产过程中已成为重要组成部分。如果不了解自动控制系统的作用原理及使用方法，就无法实施开车。

开车规程通常是在总结大量实践经验的基础上，考虑到生产安全、节能、环保等多方面的因素而提出的规范，这些规范体现在本软件的开车步骤与相关的说明中。熟悉开车规程不应当死记硬背，而应当在理解的基础上加以记忆。仿真开车时往往还要根据具体情况灵活处理，这与真实系统开车非常相似。

2. 分清调整变量和被调变量，分清是直接关系还是间接关系

在使用控制器的自动控制场合，必须从概念上做到两个分清。

第一个分清是分清调整变量和被调变量。所谓调整变量是指控制器的输出所作用的变量。通常控制器的输出信号连接到执行机构，例如控制阀上执行机构所作用的变量为调整变量。被调变量通常是指控制器的输入或者说是设置控制器所要达到的目的，即控制器是通过调整变量的作用使被调变量达到预期的值。简而言之，调整变量是原因，被调变量是结果。例如，在仿真软件的离心泵出口流量控制回路 FIC 中，调整变量是泵出口流量管线上控制阀的开度，被调变量是泵的出口流量，通过孔板流量计实测的压差来度量。在离心泵上游的水槽液位控制回路 LIC 中，调整变量是从上游进入水槽的水流量，被调变量是水槽的液位。在热交换器热流温度控制回路 TIC-1 中，调整变量是管程冷却水入口流量，被调变量是壳程热流出口温度。

第二个分清是分清调整变量与被调变量是直接关系还是间接关系。直接关系是指调整变量和被调变量同属一个变量。例如，离心泵出口流量控制回路 FIC，其输入是泵出口流量，其输出亦作用于该流量。如果调整变量和被调变量不是同一个变量，则称为间接关系。例如，热交换器温度控制回路 TIC-1 的被调变量是热物料出口温度，调整变量是冷却水流量。又如，加热炉温度控制回路 TRC-01 中，调整变量是两个主燃烧器供气流量（燃烧负荷），被调变量是物料出口温度。

3. 分清强顺序性和非顺序性操作步骤

所谓强顺序性操作步骤是指操作步骤之间有较强的顺序关系，操作前后顺序不能随意更改。要求强顺序性操作步骤主要有两个原因：第一是考虑到生产安全，如果不按操作顺序开车会引发事故；第二是由于工艺过程的自身规律，不按操作顺序就开不了车。

所谓非顺序性操作步骤是指操作步骤之间没有顺序关系，操作前后顺序可以随意更改。

本仿真软件对强顺序性操作设有严格的步骤评分程序。如果不按顺序操作，后续的步骤评分可能为零。当然有的情况不按操作顺序可能根本就开不起来，或引发多种事故。例如，离心泵和往复式压缩机不按低负荷起动规程开车，步骤分得不到；往复式压缩机不先开润滑油系统就冲转；加热炉中无流动物料就点火升温，必然导致轴瓦超温和炉管过热事故；脱丁烷塔回流罐液位很低时就开全回流，必然会抽空，这是工艺过程的自身规律。而间歇反应前期的备料工作，先备哪一种都可以；往复式压缩机冲转前的各项准备工作大多是非顺序性的。

4. 阀门应当开大还是关小

当手动操作一个控制阀或一个手操阀时，首先必须搞清该阀门应当开大还是关小。阀门的开和关与当前所处的工况以及工艺过程的要求直接相关。以离心泵上游的水槽液位系统为例，液位控制器 LIC 输出所连接的控制阀在水槽上方入口管线上，该阀门为气开式。当液位超高时，控制阀应当关小，此时水槽入口和出口的水都在连续地流动着，只有当入口和出口流量相等时，水槽液位才能稳定在某一高度。如果液位超高，通常是入口流量大于出口流量，导致液位向上积累，所以必须适当关小入口阀。液位超过给定值，控制器呈现正偏差，此时若输出信号减小，称为反作用。若控制阀安装在出口管线上，情况正相反，称为正作用。

其他有关的实例如下：热交换器热流温度 TIC-1 超高，安装于冷流入口的控制阀应开大，属于正作用；连续反应的 3 个液位控制 LIC-02、LIC-03 和 LIC-04，液位超高，控制阀（气开）都应开大，均属正作用；连续反应的压缩制冷旁路手动阀开大时，丙烯旁路流量加大，进入反应釜的丙烯流量减小，制冷作用减小；二元精馏回流罐顶放空阀开大时，塔压下降，属正作用；吸收系统 PIC-308 的输出控制出口放空控制阀，压力超高时，控制阀应开大，属正作用。

综上所述，当阀门处于设备上游，如果设备的液位或压力超高，应当关小阀门。若阀门处于设备下游，应当开大阀门。

至于系统温度变化，应具体分析工艺原理，分清阀门控制的是加热介质，还是冷却介质，阀门的安装位置在何处，才能确定阀门的开或关。

5. 把握粗调和细调的分寸

当手动操作阀门时，粗调是指大幅度开或关阀门，细调是指小幅度开或关阀门。粗调通常是当被调变量与期望值相差较大时采用，细调是当被调变量接近期望值时采用。粗调和细调在本软件中体现为手操器和控制器的输出使用快挡或慢挡。执行机构的细调是有限度的，只能达到一定的允许精度。当工艺过程容易产生波动，或对压力和热负荷的大幅度变化会造成损伤或不良后果的场合，粗调的方式必须慎用，而小量调整是安全的方法。此外，当有些情况尚不清楚阀门是应当开大还是关小时，更应当小量调整，找出解决方法后，再行大负荷处理。

例如，间歇反应中的多硫化纳制备，首先要向敞开式反应器中加入水。开始时反应器是空的，可以放心全开阀门，大流量进料。当料位接近期望值时，提前关小阀门进行细调。这种方式既可以节省时间，又可以在关键时刻保证计量的准确度。然而对于 65t/h 锅炉这种重大危险的装置，从上水、点火、升压、并汽，直到提升负荷，几乎都必须用细调方式，不得大幅度操作。

6. 操作时切忌大起大落

大型化工装置无论是流量、物位、压力、温度或组成的变化，都呈现较大的惯性和滞后特性。初学者或经验不足的操作人员，经常出现的操作失误就是工况的大起大落。典型的操作行为是当被调变量偏离期望值较大时，大幅度调整阀门。由于系统的大惯性和大滞后，大幅度的调整一时看不出效果，因而继续大幅度开阀或关阀。一旦被调变量超出期望值，又急于扳回，走入反向极端。这种反复的大起大落，形成了被调变量在高、低两个极端位置的反复振荡，很难将系统稳定在期望的工况上。

正确的方法是每进行一次阀门操作，应适当等待一段时间，观察系统是否达到新的动态平衡。权衡被调变量与期望值的差距，再做新的操作。越接近期望值，越应做小量操作。这种操作方法看似缓慢，实则是稳定工况的最快途径。任何过程变化都是有惯性的，有经验的操作员总是具备超前意识，因而操作有度，能顾及后果。

值得一提的是，有些操作员由于急于求成，在控制器处于自动状态下反复改变给定值，造成控制器只要有偏差就有输出，因此难于稳定下来，适得其反。这是因为控制器的 PID 作用也是有惯性的，需要一个过渡过程。

7. 首先了解变量的上下限

"要想过河，先知深浅"，装置开车前先了解变量的上下限也是这个道理。比较直接方便的方法是先考察控制器和指示仪表的上下限，这是变量最大的显示范围。在仪表上下限以内，变量的报警还进一步划分为高限（H）和高高限（HH）、低限（L）和低低限（LL）。其含义是给出两个危险界限，若超第一个界限，先警告一次提醒注意，若超第二个界限，则必须立即加以处理。

进一步，还应了解各变量在正常工况时允许波动的上下范围。这个范围比报警限要小。不同的装置，不同的变量这个范围要求可能有较大的区别。例如，除计量之外，一般对液位的波动范围要求不高。然而有些变量的变化对产品质量非常敏感，则限制很严格。例如，脱丁烷塔灵敏板温度变化零点几度，对全塔的工况都有明显的影响。

各控制阀的阀位与变量的上下限密切相关。通常在正常工况时，阀位设计在50%～60%左右，使其上下调整有余地，且避开阀门开度在10%以下和90%以上的非线性区。

8. 首先进行开车前准备工作，再行开车

开车前的准备工作繁琐、细致，哪些工作顾及不到都会对开车和开车后的运行构成隐患，因此是开车前的重要环节。为了提高教学效率，突出重点操作，仿真系统往往忽略开车前的准备工作，但这不意味着开车前的准备工作不重要。为了强调开车前准备工作的重要性，仿真软件中设置了开车前必须检查阀位和控制器状态的评分。部分软件用开关表示若干开车前重要的准备工作。这些开关忘记开启，后续的步骤评分可能为零。

开车前的准备工作一般有如下几方面。

（1）管道和设备探伤及试压 试压可用气压和水压两种，水压比较安全。

（2）拆盲板 设备检修和试压时，常在法兰连接处加装盲板，以便将设备和管道分割阻断。开车前必须仔细检查，拆除所有的盲板，否则开车时会引发许多问题。

（3）管道和设备吹扫 设备安装和检修时，管道和设备中会落入焊渣、金属屑、泥沙等物，甚至会有棉纱、工具等异物不慎落入。因此开车前必须对管道和设备进行气体吹扫，清除异物。

（4）惰性气体置换 凡是系统中有可燃性物料的场合，开车前必须用惰性气体（通常是氮气）将管道和设备中的空气置换出去，目的在于防止开车时可能出现的燃烧或爆炸。除此之外，如果管道和设备中的空气会使催化剂氧化变质或影响产品纯度或质量，也必须进行惰性气体置换。

（5）仪表校验、调零 所有的仪表包括一次仪表、二次仪表、执行机构以及仪表之间的信号线路，都必须完成校验或调零，使其处于完好状态。

（6）公用工程投用 公用工程包括水、电、气、仪表供电、供风等，都必须投用且处于完好状态。压缩机系统应首先开润滑油系统，蒸汽透平必须先开复水系统。

（7）气、液排放和干燥 凡是生产过程所不允许存在的气体或液体，都必须在开车前排放干净。一些不得有水分存在的场合，还必须进行系统的干燥处理。例如，加热炉的燃料气管线开车前必须排放并使管线中全部充满燃料气。蒸汽管线开车前必须冷凝液，离心泵开车前排气是为了防止气缚，热交换器开车前排气是为了提高换热效率，常压减压蒸馏原油热循环是为了赶掉水分。

对于一些装置，开车前还有一些特殊的处理，如大型合成氨转化的催化剂活化等，在此就不一一列举了。

9. 蒸汽管线先排凝后运行

蒸汽管线在停车后，管内的水蒸气几乎都冷凝为水。因此在开车向设备送蒸汽前必须先排凝。如果不排凝，这些冷凝水在管线中被蒸汽推动而持续加速，甚至会达到很高的速度，冲击弯头和设备，影响设备的使用寿命。

10. 高点排气，低点排液

依据气体往高处走、液体往低处流的原理，化工设备和管路几乎都在高点设置排气阀，在低

点设置排液阀。通常开车时要高点排气，停车时要低点排液。例如，离心泵开车时必须进行高点排气，以防气缚；停车后进行低点排液，在北方地区以防冬天冻裂设备或锈蚀。热交换器开车时必须进行高点排气，以防憋气，减小换热面积，停车后管程与壳程都要排液。65t/h 锅炉的上汽包顶部、低温过热段与高温过热段顶部以及蒸汽出口管线顶部，设多处高点排气阀门，以便锅炉上水排气畅通，以及开车时用蒸汽置换空气畅通。锅炉的上汽包、下汽包、水冷壁底部，设有多处低点排液阀，除了排污作用外，停车时也是排水阀。脱丁烷塔塔底和回流罐底都设排液阀，除了停车时用来排液外，当开车或事故状态，产品不合格液位又超高时，用于排放回收。

11. 跟着流程走

开车训练时，最忌讳的学习方法是跟着说明书的步骤走，不动脑，照猫画虎。训练完成后还是不知所以然。正确的学习方法是要开动脑筋，先熟悉流程，而且每进行一个开车步骤，都应搞清楚为什么。对于复杂的化工装置，不熟悉流程，不搞清物料流的走向及来龙去脉，开车的各个步骤都可能误入非正常工况。开车规程只是一种特定的开车方法，无法对各种复杂的工况都进行导向，因此没有专门训练过的教员指导，新学员自行开车往往不能成功。熟悉流程的一种快捷方法是"跟着流程走"。例如吸收过程，要正确无误地完成吸收油（贫油）的循环操作，最好的方法是从贫油储罐 FA-311 下部出发，循管路开启各相关阀门：HV7→V8→V9→V13→V12→HV14→V15→V16→HV17→V19→V18→HV20→V21 回到储罐 FA-311，形成一个回路（参见图 9-1），对每个阀的控制对象和作用做深入细致的了解。

12. 关联类操作

复杂的工艺过程，往往仅靠一个操作点无法实施操作控制，而需要两个或两个以上操作点相互配合才能稳定工况，这种操作称为关联类操作。

例如，吸收系统就有多处属于此类情况。如图 9-1 所示，其中气相进料阀 HV1 与吸收塔顶出气管线上的 HV2 阀是一对关联类操作。当提升负荷时，开大 HV1，富气进料量会有所加大，此时若不适当开大 HV2，则贫气无法及时排出，会导致塔压升高，进料压差推动力减小，而制约进料量提升。反之，阀 HV1 开度不变，开大阀 HV2 会导致塔压下降，使进料压差加大，即使阀 HV1 不开大，进料量也会加大。可见，HV1 阀和 HV2 阀是相互关联的操作点。吸收系统冷却器 EA-312 的 TIC-12 温度控制也与进料阀 HV1 关联。因为温度越低，越有利于吸收。如果 TIC-12 温控过高，吸收塔吸收效率低，C_4 吸收不下来，导致塔压升高，大量从塔顶放空，降压又不允许，结果使进料压差减小，所以仅开大阀 HV1 难于提升到正常负荷。吸收效率还与塔压有关，压力越高，吸收效率越高。因此若塔压较低，开大 HV1 也难于将进料提升到正常负荷。当然以上情况均假定贫液 C_6 油是充足的。如果 C_6 油的流量也变化，关联因素更为复杂。

13. 先低负荷开车达正常工况，然后缓慢提升负荷

先低负荷开车达正常工况，然后缓慢提升负荷。无论对于动设备或者静设备，无论对于单个设备或者整个流程，这都是一条开车的基本安全规则。如电力驱动的设备，突发性加载会产生强大的瞬间冲击电流，容易烧坏电机。容器或设备的承压过程是一个渐进的过程，应力不均衡，就会造成局部损伤。设备对温度变化的热胀冷缩系数不一致，局部受热或受冷过猛，也会因为热胀冷缩不一致而损坏设备。

除以上原因外，对于过程系统而言，特别是新装置或大检修后，操作员对装置的特性尚不摸底，先低负荷开车，达正常工况后可以全面考验系统的综合指标，万一发生问题，低负荷状态容易停车，不会造成重大损失。

本套软件的所有单元和装置操作都强调先低负荷开车达正常工况，然后缓慢提升负荷的原则。例如，离心泵必须在出口阀关闭的前提下低负荷起动，以防电机瞬间电流过大烧毁。往复式

压缩机采取全开负荷余隙阀的方法低负荷起动。加热炉点火后，通过控制燃料气的流量逐渐升温，达到正常工况后再逐渐提升炉管物料的负荷。65t/h锅炉的开车全过程充分体现了先低负荷开车达正常工况，然后缓慢提升负荷的原则。首先锅炉上水就不允许采用大流量，目的在于防止锅炉上水不均衡，排气不及时，导致承压不均衡而损坏设备。点火升温必须低负荷缓慢升温，以防止耐火材料、金属设备热胀不均匀造成损坏。并汽入网后提升负荷必须缓慢，除了锅炉自身的安全外，还有一个对整个蒸汽管网的负荷不得造成波动影响全厂生产的问题。脱丁烷塔和吸收塔也必须遵循低负荷起动，再提升负荷的原则。大型合成氨转化，必须先通过旁路管线采用旁路阀低负荷开车，当工况正常后，才允许切换到主管线提升负荷。

14. 注意非直线特性关系

所谓直线特性关系是指自变量和因变量的函数关系是一次（直线）关系。然而在实际过程中，变量之间的关系常常是非直线特性的，在操作上不能以直线特性的方式调整。例如，间歇反应的邻硝基氯化苯和二硫化碳高位计量槽（通大气）的下料过程，虽然下料阀开度不变，下料流量会随料位高度下降而减小。加热炉的烟气挡板与烟气含氧量的关系是非直线特性的，挡板在小开度和大开度时，即使操作增量相同，对含氧量的影响却不相同。常用的截止阀门，阀门开度和流量的关系也是非直线特性的。又如在物系出现相变时，系统变量之间的关系会出现突变，属于非线性变化。流量和压差呈现平方根关系。pH值在中性点附近变化十分灵敏。组成在物系中的变化往往是非线性的。导致变量之间呈非直线特性关系更普遍、更主要的原因，是过程系统中多因素综合作用的相互影响，因此，操作时在不同的状态和工况下，阀位的动作常常不是按固定的直线特性变化。

15. 过热保护

凡是接受辐射热的设备，开车期间都有过热保护问题。过热保护的主要方法是使接受辐射热的设备和管路内部必须有流动的物料，以便随时将热量带走，否则会因过热而影响设备和管路的使用寿命，甚至损坏。例如加热炉点火前，炉管中必须有流动的物料。65t/h锅炉点火时（图11-2），再循环阀V17必须打开，使省煤器中的水循环流动，目的在于保护省煤器。过热器疏水阀HV-30用于蒸汽并网前保护过热段炉管。在大型合成氨一段转化炉的对流段，有废热锅炉上水预热器E1205、蒸汽过热器E1203A/B、第一工艺空气预热器E1204、第二工艺空气预热器E1202及物料预热器E1201。在该炉点火升温时，都必须引入流动的水、蒸汽和氮气进行过热保护。

依据同样的道理，设备和管道的局部过冷也要防止。例如脱丁烷塔进料前先用 C_4 升压，用以防止进料闪蒸引起局部过冷。

16. 建立推动力的概念

差异就是推动力，差异越大，推动力越强。压力差是管道中流体流动的推动力，温差是热量传递的推动力，密度差实质上是压力之差，也是流动的推动力。建立推动力的概念，有助于操作决策。例如，吸收系统的富气进料部分，如果塔压过高，仅靠开大进料阀HV1想提升进气量是有限的，因为压差小，推动力小，如果适当降低塔压，HV1的开度不变，富气进料量也有所加大，这是压差增大所致。加热炉开车的初始阶段，由于炉膛温度不高，使得烟气的密度较大，与炉外空气的密度差小，推动力小，风量也较小，可从炉膛的负压大小看出来。随着炉膛温度上升，烟气密度减小，推动力加大，风量在挡板开度不变的前提下也会加大。同理，随着间歇反应釜内温度升高，即使夹套和蛇管的冷却水流量不变，换热量也会加大。

17. 建立物料量的概念

物料处于液态和气态，其质量和体积有较大的差别。通常相同体积的同种物料，液态的质量比气态大得多。同理，相同质量的同种物料气态所占的体积比液态大得多。液体是不可压缩的，气体是可压缩的而且随温度变化，因此，高压下的气体比低压下的同种物料的气体质量大。同一管道中物料处于气液两相状态，则情况较为复杂，应知道气液各占的比例才能估算物料的质量或体积。为了便于比较气体物料的流量，常用标准状态的体积流量为单位。如果工艺过程的压力很高，则实际的体积流量要小。

18. 了解物料的性质

化工工艺过程的物料种类繁多，性质各异。了解物料的性质，对于深入理解操作规程、安全运行化工装置和事故处理都有重要意义。例如，65t/h 锅炉装置内带有潜热、处于高压的水，一旦减压就会迅速汽化，体积扩大约 10 倍，其爆炸威力不亚于 TNT 炸药。间歇反应中的二硫化碳具有流动性好、容易挥发、容易燃烧等特点，其密度比水大且不溶于水，因此存储时用冷水作水封，既能防止挥发又能起冷却作用。二硫化碳引发超压爆炸事故的主要原因是，此种物料随温度上升其饱和蒸汽压迅速上升。反应釜是密闭的，反应属放热反应。若不及时冷却，控制好反应温度，必定会导致超压爆炸。由于二硫化碳容易挥发，所以反应釜进料完成后必须及时关闭放空阀，否则随着反应温度上升，一部分二硫化碳会挥发掉，直接影响产物的收率。

19. 以动态观点理解过程的运行

在过程系统内，物质处于不断的物理或化学变化之中。工艺运行的稳态工况并不是静止的概念，而是系统处于动态平衡的状态。仿真软件为了使学员了解变量的准确值以及物料平衡及能量平衡的数据，没有引入随机扰动的影响。当系统进入稳定工况时，各参数看不出变化，此时千万不能误认为是静止状态。为了防止这种误解，数据每秒都特意让其闪动，以说明系统始终处于动态的变化之中。

基于以上概念，在操作时必须做到心中有数。例如，吸收系统（图 9-1）开车时首先需要建立油循环。如果希望吸收塔的液位 LIC-10 首先达到 50%，必须调整贫油流量 FRC-11 大于 FIC-10 才能使 LIC-10 上升，这是因为进、出塔的贫油连续地流动着，只有进入的流量大于排出的流量，液位才会积累上升。同理，想手动调整液位稳定在某一高度上，必须使 FRC-11 等于 FIC-10 才能实现。这一道理虽然简单，但当亲自动手操作时常常忘记。

65t/h 锅炉开车的全过程处处体现能量的动态平衡的概念。若想适当提升产汽的负荷，必须加大燃料量，否则即使稳住了蒸汽流量，蒸汽压力和温度也会有所下降。

综上所述，以动态观点理解过程运行，不但涵盖了全部单元操作和流程，也贯穿于运行过程的始终。

20. 利用自动控制系统开车

采用 PID 控制器对过程系统进行自动控制，当系统受到扰动时，只要 PID 参数整定合理，其控制质量总比手动好，而且能持续不停地控制。因此，当手动将某一变量调到设计值后，如果有自动控制系统，最好立即投自动。特别在低负荷达到正常工况后需要提升负荷时，系统越复杂，流程越长，控制点越多，想使全系统平稳且较快地跟踪负荷提升越困难。这种操作的难点在于，负荷每做一次小幅提升，全系统的各操作点都要调整一遍，操作员必须照顾到方方面面，顾及不到、跟踪不及时都会出现波动。这种情况利用自动控制系统自动跟踪，最能体现自动控制系统的强大作用。

例如，脱丁烷塔当低负荷进料时，塔压、灵敏板温度、塔釜液位、回流罐液位以及回流量都达到了正常工况值，并且处于自动控制状态。此时提升负荷比较方便，只要手动提升一次进料量，充分等待各变量达到新的动态平衡时，就可以继续提升进料量。如此阶梯式上升直到进料达到设计负荷。若不投自动，全部靠手动，以上操作将既费时又费力，还可能出现不同程度的波动。

65t/h 锅炉流程比脱丁烷塔复杂，采用自动控制提升负荷的优点更明显。又如，聚丙烯过程看似简单，如果不利用自动控制系统开车，且边达标边投自动，想靠手动稳定 LIC-02、LIC-03 和 LIC-04 三个液位也不容易。

21. 控制系统有问题立即改为手动

控制系统有问题立即切换为手动，是一条操作经验。但需要说明控制系统的故障不一定出在控制器本身，也可能出在检测仪表或执行机构或信号线路方面。切换为手动，包括直接到现场手动调整控制阀或旁路阀。从这个意义上看，虽然利用控制系统开车有很多优点，但也必须具备手动开车直接达到设计负荷的能力，否则在事故面前将束手无策。本仿真软件只要不投自动，全部操作都属手动。

22. 热态停车

热态停车是指停车时不把系统停至开车前的状态（称为冷态）。此状态下系统中可能大部分设备仍处于开车状态或低负荷状态，这是某些事故状态下的合理的处理方法。也就是说许多事故状态并不一定要将全系统都停下来，可以局部停车，将事故排除后能尽快恢复正常。热态停车的原则是，处理事故所消耗的能量及原料最少，对产品的影响最小，恢复正常生产的时间最短。在满足事故处理的前提下，局部停车的部位越少越好。

23. 找准事故源从根本上解决问题

这是处理事故的基本原则。如果不找出事故的根源，只采用一些权宜方法处理，可能只解决一时之困，到头来问题依然存在，或者付出了更多的能耗以及产品质量下降等代价。例如，脱丁烷塔塔釜加热量过大，会导致一系列不正常的事故状态，如塔压升高、分离度变差。由于塔压是采用全凝器的冷却量控制，冷却水用量增加，导致能耗双重加大。权宜措施是用回流罐顶放空阀泄压。但这种方法只能解决塔压升高单一问题，一旦放空阀关闭，事故又会重演。因此，必须从加热量过大的根源上解决，才能彻底排除事故。当然对于复杂的流程找准事故源，常常不是一件容易的事情，需要有丰富的经验、冷静的分析、及时且果断的措施，在允许的范围内甚至要做较多的比对试验。

24. 根据物料流数据判断操作故障

从物料流数据可以判断出系统是否处于动态物料平衡状态。如果不知道不平衡问题出于何处，则应检查在同一流动管路中可能有哪些阀门未开或开度不够，是否忘记关小分流阀门导致流量偏小，管路是否出现堵塞，是否有泄漏以及泄漏可能发生的部位，装置当前处于何种运行负荷，装置当前运行是否稳定，不同物料之间的配比是否合适等。因此，操作过程中应随时关注物料流数据的变化，以便及时发现问题、及时排除故障。

25. 投联锁系统应谨慎

联锁保护控制系统是在事故状态下自动进行热态停车的自动化装置。开车过程的工况处于非正常状态，而联锁动作的触发条件是确保系统处于正常工况的逻辑关系，因此只有当系统处于联锁保护的条件之内并保持稳定后才能投联锁，否则联锁系统会频繁误动作，甚至无法实施开车。开车前操作员必须从原理上搞清楚联锁系统的功能、作用、动作机理和联锁条件，才能正确投用联锁系统。

26. 优化开车的基本原则

优化开车是学员技术水平的综合体现。大型复杂装置的优化开车是一个永恒的值得探索的课题。本书几乎全书都在讨论开车问题，也只涉及了一些典型的单元操作和部分流程的一种或两种开车方案。当然这些规程都来自实际工厂，并且可以举一反三。虽然无法面面俱到，但可给出优化开车的基本原则，即以最少的能耗、最少的原料及环境代价、在最短的时间内，安全平稳地将过程系统运行至正常工况的全部设计指标以内。

可利用本套仿真实习软件试验优化开车方案，并且可以利用评分功能和趋势记录功能评价方案。

第三节　控制系统操作要点

掌握控制系统的操作方法，对于工艺专业和自动化专业的学生具有同等重要意义。在化工企业中掌握和使用控制系统的是工艺技术人员，而仪表及自动化人员不了解控制系统在工艺过程中的运行机理，也无法正确地调整和维护仪表及自控系统。

一、控制器操作要点

① 首先必须清楚控制器的基本原理；自动、手动和串级键的作用；什么是控制器的输入、输出和给定，它们的量程上下限是多少。

② 控制器处于手动状态时相当于遥控器，输出值由人工调整。此时，给定值跟踪输入值。当置自动状态时，可实现无扰动切换。

③ 控制器处于自动状态时，输出值无法人工调整。人工只能改变给定值（即期望值）。

④ 控制器的输入值和输出值的关系是输入值受控于输出值。两者可能有直接关系，也可能是间接关系，实际操作中容易混淆或把两者当成一回事。

⑤ 控制器处于正作用状态，当输入值和给定值的正偏差加大(减小)时输出应增大（减小）。反作用状态是当输入值和给定值的正偏差加大(减小)时输出减少（加大）。

二、串级控制的操作要点

① 首先在原理上必须分清主控制器和副控制器。特征是主控制器的输出与副控制器给定值关联，并且副控制器给定值受控于主控制器的输出。

② 在未置串级时，主控制器的输出是浮空的，没有任何控制作用。而副控制器相当于一个单回路控制器。

③ 置串级后，副控制器的给定值无法人工调整，而是由主控制器输出自动调整。人工调整的变量是主控制器的给定值。

④ 串级控制系统的范例

a. 二元精馏过程中提馏段灵敏板温度控制（主控制器）TIC-3 与塔釜加热蒸汽流量控制（副控制器）FIC-3（见图 8-1）。

b. 吸收系统中吸收塔釜液位控制（主控制器）LIC-10 与塔釜输出流量控制器（副控制器）FIC-10（见图 9-1）。

三、复杂控制系统

（1）分程控制　详见 65t/h 锅炉蒸汽温度控制 TIC-01（见图 11-2）。

（2）比值控制　详见吸收系统贫油喷淋量控制 FRC-11（见图 9-1）。

（3）超驰控制　详见二元精馏塔顶压力控制 PIC-1 及 PRC-2（见图 8-1）。

第三章
离心泵及液位控制

一、工艺说明

1. 工作原理

离心泵一般由电动机带动。启动前须在离心泵的壳体内充满被输送的液体。当电机通过联轴结带动叶轮高速旋转时，液体受到叶片的推力同时旋转，由于离心力的作用，液体从叶轮中心被甩向叶轮外沿，以高速流入泵壳，当液体到达蜗形通道后，由于截面积逐渐扩大，大部分动能变成静压能，于是液体以较高的压力送至所需的地方。当叶轮中心的流体被甩出后，泵壳吸入口形成了一定的真空，在压差的作用下，液体经吸入管吸入泵壳内，填补了被排出液体的位置。

2. "气缚"现象

离心泵若在启动前未充满液体，则离心泵壳内极易存在空气，由于空气密度很小，所产生的离心力就很小。此时在吸入口处形成的真空不足以将液体吸入离心泵内，因而不能输送液体，这种现象称"气缚"。所以离心泵在开动前必须首先将被输送的液体充满泵体，并进行高点排气。

3. "汽蚀"现象

通常，离心泵叶轮入口处是压力最低的部位，如果这个部位液体的压力等于或低于在该温度下液体的饱和蒸汽压力，就会有蒸汽及溶解在液体中的气体从液体中大量逸出，形成许多蒸汽和气体混合物的气泡。这些小气泡随着液体流入高压区后，气泡破裂重新凝结。在凝结过程中，质点加速运动相互撞击，产生很高的局部压力。在压力很大、频率很高的连续打击下，离心泵体金属表面逐渐因疲劳而损坏，寿命大为缩短，这种现象称"汽蚀"。离心泵的安装位置不当、流量调节不当或入口管路阻力太大时都会造成汽蚀。

4. 离心泵的特性曲线

离心泵的流量（F）、扬程（H）、功率（N）和效率（η）是其重要的性能参数。这些性能参数之间存在一定的关系，可以通过实验测定。通过实验测定所绘制的曲线，称为离心泵的特性曲线。常用的离心泵特性曲线有如下三种。

① H-F 曲线，表示离心泵流量 F 和扬程 H 的关系。离心泵的扬程在较大流量范围内是随流量增大而减小。不同型号的离心泵，H-F 曲线有所不同。相同型号的离心泵，特性曲线也不一定完全一样。

② N-F 曲线，表示离心泵流量 F 和功率 N 的关系，N 随 F 的增大而增大。显然，当流量为零时，离心泵消耗的功率最小。因此，启动离心泵时，为了减少电机启动电流，应将离心泵出口

阀门关闭。

③ η-F 曲线，表示离心泵流量 F 和效率 η 的关系。此曲线的最高点是离心泵的设计点，离心泵在该点对应的流量及压头下工作，其效率最高。

5. 离心泵的操作要点

离心泵的操作包括充液、启动、运转、调节及停车等过程。离心泵在启动前，必须使泵内充满液体，通过高点排气，保证泵体和吸入管内没有气体积存。启动时应先关闭出口阀门，防止电机超负荷。停泵时亦应先关闭出口阀门，以防出口管内的流体倒流使叶轮受损。长期停泵，应放出泵内的液体，以免锈蚀和冻裂。

6. 工艺流程说明

如流程图 3-1 所示，离心泵系统由一个储水槽、一台主离心泵、一台备用离心泵、管线、调节器及阀门等组成。上游水源经管线由调节阀 V1 控制进入储水槽。上游水流量通过孔板流量计 FI 检测。水槽液由调节器 LIC 控制，LIC 的输出信号连接至 V1。离心泵的入口管线连接至水槽下部，管线上设有手操阀 V2 及旁路备用手操阀 V2B、离心泵入口压力表 PI1。离心泵设有高点排气阀 V05、低点排液阀 V06 及高低点连通管线上的连通阀 V3。主离心泵电机开关是 PK1，备用离心泵电机开关是 PK2。离心泵电机功率 N、总扬程 H 及效率 M 分别有数字显示。离心泵出口管线设有出口压力表 PI2、止逆阀、出口阀 V3、出口流量检测仪表、出口流量调节器 FIC 及调节阀 V4。

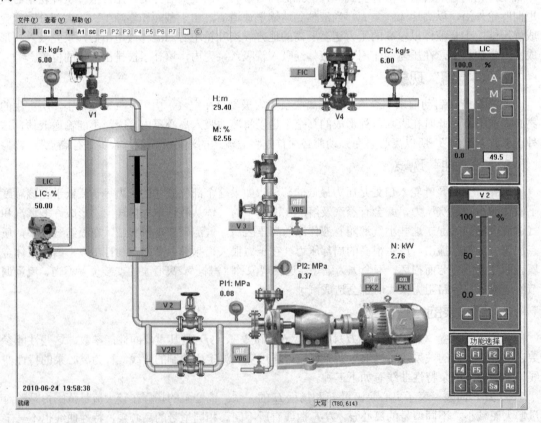

图 3-1 离心泵单元流程图画面

为了节省画面，本仿真软件设定：当事故状态开启备用泵 PK2 时，相关的所有仪表阀门默认为属于备用泵。

7. 控制组画面

控制组画面（图 3-2）集中了离心泵系统相关的调节器、指示仪表、手操器及开关。可以在本画面中完成所有操作。图 3-1 及图 3-2 中的控制、指示仪表及阀门说明如下。

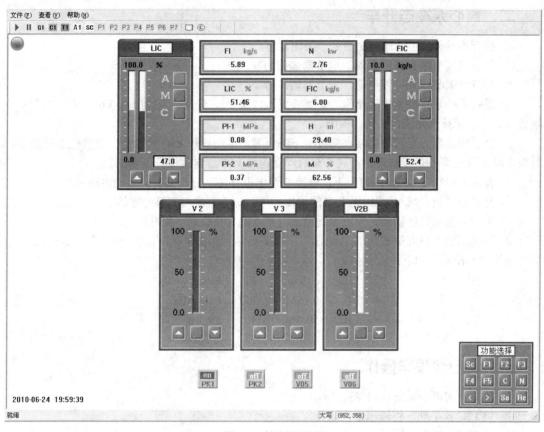

图 3-2　控制组画面

（1）指示仪表

PI1	离心泵入口压力 MPa	PI2	离心泵出口压力 MPa
FI	低位储水槽入口流量 kg/s	H	离心泵扬程 m
N	离心泵电机功率 kW	M	离心泵效率 %

（2）调节器及调节阀

LIC　低位储水槽液位调节器　　　%

FIC　离心泵出口流量调节器　　　kg/h

V1　　低位储水槽入口调节阀

V4　　离心泵出口流量调节阀

（3）手操器

V2　离心泵入口阀　　　　V2B　离心泵入口旁路备用阀　　　V3　离心泵出口阀

（4）开关及快开阀门

V05　离心泵高点排气阀　　V06　离心泵排液阀

PK1　离心泵电机开关　　　PK2　离心泵备用电机开关

8. 报警限说明

FIC　离心泵出口流量低限报警　　<1.0　　　kg/s　　　(L)

LIC　低位储水槽液位高限报警　　>80　%　(H)

LIC　低位储水槽液位低限报警　　<20　%　(L)

PI1　离心泵入口压力低限报警　　<0.1　MPa　(L)

二、离心泵冷态开车

① 检查各开关、手动阀门是否处于关闭状态。

② 将液位调节器 LIC 置手动，调节器输出为零。

③ 将流量调节器 FIC 置手动，调节器输出为零。

④ 进行离心泵充水和排气操作。开离心泵入口阀 V2，开离心泵排气阀 V05，直至排气口出现蓝色点，表示排气完成，关阀门 V05。

⑤ 为了防止离心泵开动后储水槽液位下降至零，手动操作 LIC 的输出，使液位上升到 50% 时投自动。或先将 LIC 投自动，待离心泵启动后再将 LIC 给定值提升至 50%。

⑥ 在泵出口阀 V3 关闭的前提下，开离心泵电机开关 PK1，低负荷启动电动机。

⑦ 开离心泵出口阀 V3，由于 FIC 的输出为零，离心泵输出流量为零。

⑧ 手动调整 FIC 的输出，使流量逐渐上升至 6 kg/s 且稳定不变时投自动。

⑨ 当储水槽入口流量 FI 与离心泵出口流量 FIC 达到动态平衡时，离心泵开车达到正常工况。此时各检测点指示值如下：

FIC	6.0kg/s	FI	6.0kg/s
PI1	0.15MPa	PI2	0.44MPa
LIC	50.0%	H	29.4m
M	62.6%	N	2.76kW

三、离心泵停车操作

① 首先关闭离心泵出口阀 V3。

② 将 LIC 置手动，将输出逐步降为零。

③ 关 PK1（停电机）。

④ 关离心泵进口阀 V2。

⑤ 开离心泵低点排液阀 V06 及高点排气阀 V05，直到蓝色点消失，说明泵体中的水排干，关 V05，最后关 V06。

四、测取离心泵特性曲线

① 离心泵开车达到正常工况后，FIC 处于自动状态。首先将 FIC 的给定值逐步提高到 9 kg/s。当储水槽入口流量 FI 与离心泵出口流量 FIC 达到动态平衡时，记录此时的流量（F）、扬程（H）、功率（N）和效率（M）。

② 然后按照每次 1 kg/s（或 0.5 kg/s）的流量降低 FIC 的给定值。每降低一次，等待系统动态平衡后记录一次数据，直到 FIC 的给定值降为零。

③ 将记录的数据描绘出 H-F、N-F 和 η-F 三条曲线。完成后与"P1"画面（图 3-3）的标准曲线对照，应当完全一致。

五、事故设置及排除

1. 离心泵入口阀门堵塞（F2）

事故现象　离心泵输送流量降为零，离心泵功率降低，流量超下限报警。

排除方法　首先关闭出口阀 V3，再开旁路备用阀 V2B，最后开 V3 阀，恢复正常运转。

合格标准　根据事故现象能迅速作出合理判断，能及时关泵并打开阀门 V2B，没有出现储水槽液位超上限报警，并且操作步骤的顺序正确为合格。

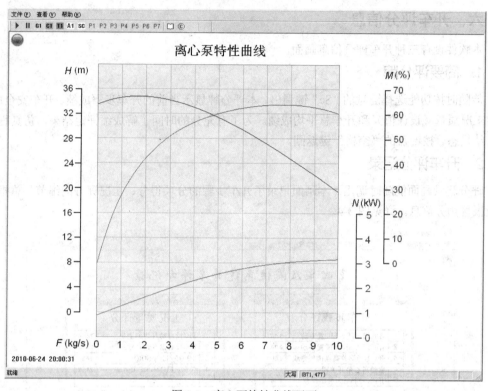

图 3-3　离心泵特性曲线画面

2. 电机故障（F3）

事故现象　电机突然停转。离心泵流量、功率、扬程和出口压力均降为零。储水槽液位上升。

排除方法　立即启动备用泵。步骤是首先关闭离心泵出口阀 V3，再开备用电机开关 PK2，最后开泵出口阀 V3。

合格标准　判断准确。开备用泵的操作步骤正确，没有出现储水槽液位超上限报警，为合格。

3. 离心泵"气缚"故障 （F4）

事故现象　离心泵几乎送不出流量，检测数据波动，流量下限报警。

排除方法　及时关闭出口阀 V3，关电机开关 PK1，打开高点排气阀 V05，直至蓝色点出现后，关阀门 V05，然后按开车规程开车。

合格标准　根据事故现象能迅速作出合理判断。能及时停泵，打开阀门 V05 排气，并使离心泵恢复正常运转为合格。

4. 离心泵叶轮松脱（F5）

事故现象　离心泵流量、扬程和出口压力降为零，功率下降，储水槽液位上升。

排除方法　与电机故障相同，启动备用泵。

合格标准　判断正确。合格标准与电机故障相同。

5. FIC 流量调节器故障（F6）

事故现象　FIC 输出值大范围波动，导致各检测量波动。

排除方法　迅速将 FIC 调节器切换为手动，通过手动调整使过程恢复正常。

合格标准　判断正确。手动调整平稳，并且较快达到正常工况。

六、开车评分信息

本软件设有三种开车评分信息画面。

1. 简要评分牌

能随时按功能选择键盘的"Sc"键调出。本评分牌显示当前的开车步骤成绩、开车安全成绩、正常工况质量（设计值）和开车总平均成绩。为了有充分的时间了解成绩评定结果，仿真程序处于冻结状态。按键盘的"空格"键返回。

2. 开车评分记录

评分记录画面能随时调出。本画面记录了开车步骤的分项得分、工况评分的细节、总报警次数及报警扣分信息。详见图 3-4。

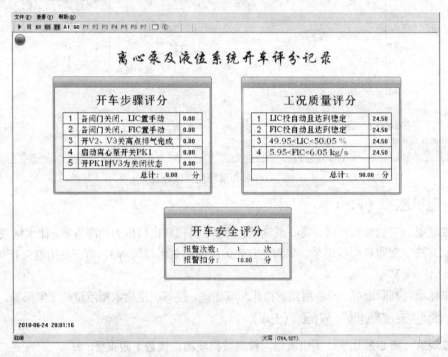

图 3-4　开车评分记录画面

3. 趋势画面

本软件的趋势画面记录了重要变量的历史曲线，可以与评分记录画面配合，对开车全过程进行评价。

七、开车评分标准

1. 开车步骤评分要点

① 各阀门关闭，调节器 LIC 置手动　　　　　　　　　　　　　　　　　　　11 分

② 各阀门关闭，调节器 FIC 置手动　　　　　　　　　　　　　　　　　　　11 分

③ 开入口阀 V2，关出口阀 V3，用 V05 完成高点排气　　　　　　　　　　35 分

④ 开泵电机开关 PK1   15 分
⑤ 当 PK1 开时刻，出口阀门 V3 处于关闭状态   26 分

总计：98 分

2. 正常工况质量评分要点

① FIC 投自动且达到稳定   24.5 分
② LIC 投自动且达到稳定   24.5 分
③ 49.5% < LIC < 50.5%   24.5 分
④ 5.95kg/s < FIC < 6.05kg/s   24.5 分

总计：98 分

思　考　题

1. 离心泵的主要构件有哪些？各起什么作用？

2. 离心泵的叶轮主要有几种？简述优缺点和适用范围。

3. 解释什么是离心泵的流量、扬程、功率和效率。

4. 常用离心泵的特性曲线有几种？曲线有何特点？

5. 同一型号相同工厂制造的离心泵特性曲线完全一样吗？

6. 如何在仿真系统上测试离心泵特性曲线？

7. 离心泵的汽蚀现象如何形成？对离心泵有何损害？如何避免？试分析离心泵形成汽蚀的条件。

8. 何为离心泵气缚现象？如何克服？

9. 为什么离心泵开车前必须充液、排气？否则会出现什么后果？

10. 为什么离心泵开动和停止时都要在出口阀关闭的条件下进行？

11. 离心泵运行时可能有哪些常见故障？如何排除？

12. 离心泵运行时出口压力下降，可能是什么原因？

13. 离心泵运行时进口真空度下降，可能是什么原因？

14. 离心泵运行时轴承温度过高（>75℃），可能是什么原因？

15. 离心泵的出口流量主要有几种控制方法？

16. 多级离心泵有何特点？适用于什么场合？

第四章
热 交 换 器

一、工艺及控制说明

本热交换器为双程列管式结构，起冷却作用，管程走冷却水（冷流）。含量 30％的磷酸钾溶液走壳程（热流）。

工艺要求：流量为 18441 kg/h 的冷却水，从 20℃上升到 30.8℃，将 65℃流量为 8849 kg/h 的磷酸钾溶液冷却到 32℃。管程压力 0.3MPa，壳程压力 0.5MPa。

流程图详见图 4-1。

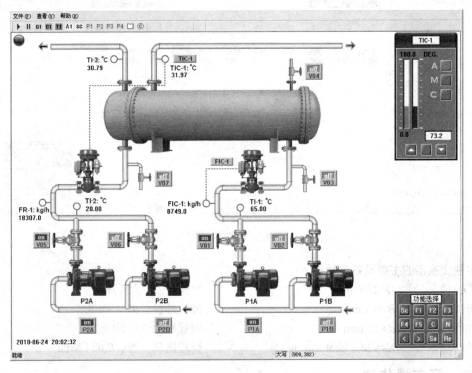

图 4-1　流程图画面

流程图画面"G1"中（图 4-1）：阀门 V04 是高点排气阀，阀门 V03 和 V07 是低点排液阀。P2A 为冷却水泵，P2B 为冷却水备用泵。阀门 V05 和 V06 分别为泵 P2A 和 P2B 的出口阀。P1A

为磷酸钾溶液泵，P1B 为磷酸钾溶液备用泵。阀门 V01 和 V02 分别为泵 P1A 和 P1B 的出口阀。

FIC-1 是磷酸钾溶液的流量定值控制，采用 PID 单回路控制。

TIC-1 是磷酸钾溶液壳程出口温度控制，控制手段为管程冷却水的用量（间接关系），采用 PID 单回路控制。

检测及控制点正常工况值如下：

TI-1	壳程热流入口温度为 65℃	TI-2	管程冷流入口温度为 20℃
TI-3	管程冷流出口温度为 30.8℃左右	TIC-1	壳程热流出口温度为 32℃
FR-1	冷却水流量 18441 kg/h	FIC-1	磷酸钾流量 8849 kg/h

报警限说明（H 为报警上限，L 为报警下限）：

TIC-1 >35.0℃ (H)		TIC-1 <28.0℃ (L)
FIC-1 >9500 kg/h (H)		FIC-1 <7000 kg/h (L)

控制组画面"C1"组合了全部操作、控制及指示器，详见图 4-2。

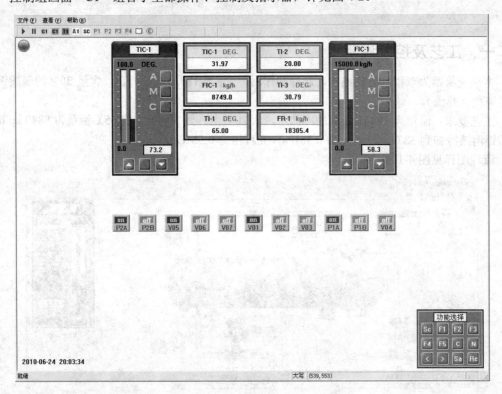

图 4-2 控制组画面

本热交换器的主要设备参数如下：

壳内径	D=250 mm	管长	L=5.0 m
折流板间距	B=0.1 m	列管外径	d_o=19 mm
列管内径	d_i=15 mm	列管根数	n=52 根
总传热系数	K=924.8 kcal/ (m²·h·℃)	壳程压降	Δp_s=0.024 MPa

二、开车操作法

① 开车前设备检验。冷却器试压，特别要检验壳程和管程是否有内漏现象，各阀门、管路、泵是否好用，大检修后盲板是否拆除，法兰连接处是否耐压不漏，是否完成吹扫等项工作（本项

内容不包括在仿真软件中）。

    ② 检查各开关、手动阀门是否处于关闭状态。各控制器应处于手动且输出为零。

    ③ 开冷却水泵 P2A 开关。

    ④ 开泵 P2A 的出口阀 V05。

    ⑤ 控制器 TIC-1 置手动状态，逐渐开启冷却水控制阀至 50%开度。

    ⑥ 开磷酸钾溶液泵 P1A 开关。

    ⑦ 开泵 P1A 的出口阀 V01。

    ⑧ 控制器 FIC-1 置手动状态，逐渐开启磷酸钾溶液控制阀至 10%。

    ⑨ 壳程高点排气。开阀 V04，直到 V04 阀出口显示蓝色色点，指示排气完成，关 V04 阀。

    ⑩ 手动调整冷却水量。当壳程出口温度手动控制至（32±0.5）℃且稳定不变后打自动。

    ⑪ 缓慢提升负荷。逐渐手动将磷酸钾溶液的流量增加至 8800 kg/h 左右投自动。开车达正常工况的设计值，见工艺说明。

三、停车操作法

    ① 将控制器 FIC-1 打手动，关闭控制阀。

    ② 关泵 P1A 及出口阀 V01。

    ③ 将控制器 TIC-1 打手动，关闭控制阀。

    ④ 关泵 P2A 及出口阀 V05。

    ⑤ 开低点排液阀 V03 及 V07，等待蓝色色点消失，排液完成。停车完成。

四、事故设置及排除

1. 换热效率下降（F2）

事故现象　事故初期壳程出口温度上升，冷却水出口温度上升。由于自控作用，将冷却水流量开大，使壳程出口温度和冷却水出口温度回落。

处理方法　开高点放气阀 V04，等气排净后，恢复正常。

2. P1A 泵坏（F3）

事故现象　热流流量和冷却水流量同时下降至零，温度下降报警。

处理方法　启用备用泵 P1B，按开车步骤重新开车。

3. P2A 泵坏（F4）

事故现象　冷却水流量下降至零，热流出口温度上升报警。

处理方法　开备用泵 P2B，然后开泵出口阀 V06。关泵 P2A 及出口阀 V05。

4. 冷却器内漏（F5）

事故现象　冷却水出口温度上升，导致冷却水流量增加。开排气阀 V04 试验无效。

处理方法　停车。

5. TIC-1 控制器工作不正常（F6）

事故现象　TIC-1 的测量值指示达上限，输出达 100%。热流出口温度下降，无法自控。

处理方法　将 TIC-1 打手动。通过现场温度指示，手动调整到正常。

五、开车评分信息

本软件设有三种开车评分信息画面。

1. 简要评分牌

能随时按功能选择键盘的"Sc"键调出。本评分牌显示当前的开车步骤成绩、开车安全成绩、正常工况质量（设计值）和开车总平均成绩。为了有充分的时间了解成绩评定结果，仿真程序处于冻结状态。按键盘的"空格"键返回。

2. 开车评分记录

评分记录画面能随时调出。本画面记录了开车步骤的分项得分、工况评分的细节、总报警次数及报警扣分信息。详见图 4-3。

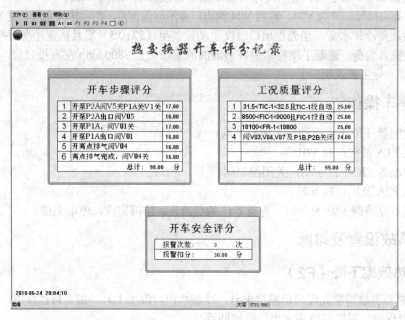

图 4-3　开车评分记录画面

3. 趋势画面

本软件的趋势画面记录了重要变量的历史曲线，可以与评分记录画面配合对开车全过程进行评价。

六、开车评分标准

1. 开车步骤评分要点

① 开泵 P2A，出口阀 V05 关，此时，泵 P1A 关，出口阀 V01 关	17 分
② 开泵出口阀 V05	16 分
③ 开泵 P1A，出口阀 V01 关	17 分
④ 开泵出口阀 V01	16 分
⑤ 开高点排气阀 V04（热流流量大一些排气才能彻底）	16 分
⑥ 高点排气完成，V04 阀关	16 分
	总计：98 分

2. 正常工况质量评分要点

① 31.5℃<TIC<32.5℃，且 TIC 投自动	25 分
② 8500 kg/h<FIC<9000 kg/h，且 FIC 投自动	25 分

③ 18100 kg/h<FR-1<18800 kg/h   25 分
④ 阀门 V04、V03、V07 和备用泵 P1B 及 P2B 都关闭   24 分

总计：99 分

思 考 题

1. 列管式热交换器由哪些部件组成？
2. 什么是管程？什么是壳程？
3. 壳程的折流板起何作用？举出两种折流板形式。
4. 多程热交换器的结构有何特点？对传热有何效果？
5. 当外壳和列管的温差较大时，常用几种方法对热交换器进行热补偿？
6. 对于热交换器而言，影响传热速率的因素有哪些？
7. 简述热交换器流体流道选择的一般原则。
8. 热交换器开车前为什么必须进行高点排气？
9. 热交换器停车后为什么必须进行低点管程、壳程排液？
10. 本热交换器运行时发生内漏如何判断？
11. 列举两种热交换器温度控制方案，说明控制原理。
12. 热交换器操作管理有哪些注意事项？有哪些清洗方法？

第五章
蒸汽透平与往复压缩机

一、工艺流程简介

本压缩系统由蒸汽透平驱动的往复式压缩机组成，此外还包括了复水系统和润滑油系统的主要操作。本系统将两种典型的动设备集成在一起，可以同时训练两种动设备的操作。采用自产蒸汽驱动蒸汽透平取代电动机，是国际流行的节能方法。

如流程图 5-1 所示，本系统为某化工装置的气体循环压缩部分。被压缩气体经入口阀 V16、V15 由化工装置进入吸入管线，阀 V13 为凝液排放阀。吸入气体一路经过阀 V14 进入气缸 C1，另一路进气缸 C2。两路气体经压缩后排出，汇合入同一条排气管线返回化工装置。这条管线上装有安全阀和紧急排放火炬的手动阀 V18。阀门 V17 是排气管线与吸入管线的旁路阀。阀 V19、V20 是排气截止阀，阀 V21 为排气管线的凝液排放阀。

L1、L3、L2、L4 为负荷余隙阀，可以手动调整压缩机输出负荷（图 5-2）。F03 是飞轮机构，用于稳定往复压缩机的转动。盘车操作是通过转动飞轮来实现的，G02 是齿轮减速箱，T01 是蒸汽透平（图 5-3）。高压蒸汽经主阀 V9、V11 和调速器 RIC 进入透平。蒸汽管线上设阀 V10 作为排水阀。为了提高热机效率，必须通过复水系统，使蒸汽透平排出的乏汽温度和压力尽可能低。

复水系统的流程是：乏汽通过阀 V12 进入表面冷凝器 E1 降温，同时由两级喷射式真空泵 UP1 和 UP2 维持真空。E1 的冷却水阀门为 V5。乏汽被冷凝，冷凝水及时由泵 P1 排走。第一级真空泵 UP1 后设有第二级冷却器 E2，冷却水阀门为 V6。

喷射式真空泵的简要原理是：当高压蒸汽通过文丘里管时，由于文丘里管喉部管径缩小，流速（速度头）加大，静压（压力头）减小，因此产生抽吸作用。喷射式真空泵的高压供汽管线上设蒸汽总截止阀 V1，端头排凝阀 V2。高压蒸汽通过阀门 V3 和 V4 分别进入两台喷射式真空泵。

T1 是润滑油箱，P2 是齿轮油泵。润滑油经 P2 泵通过油冷器 E3 及过滤器 F1，然后分别输入蒸汽透平和压缩机系统各轴瓦，最终返回油箱 T1，构成润滑油循环回路。油箱 T1 顶部设有通大气的管线，以防回油不畅。油冷器 E3 的冷却水阀门为 V23。部分润滑油经手操阀 V22 走旁路。

二、流程图及说明

流程图 5-1 和图 5-2 中操作设备和检测仪表说明如下。

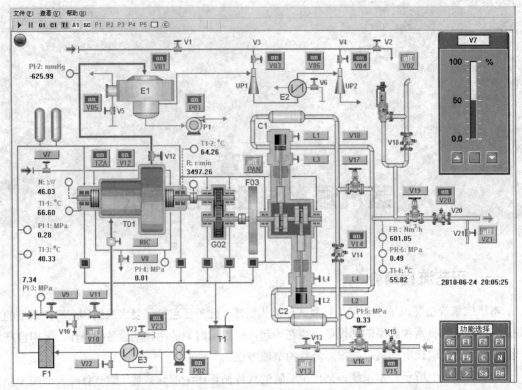

图 5-1 流程图画面

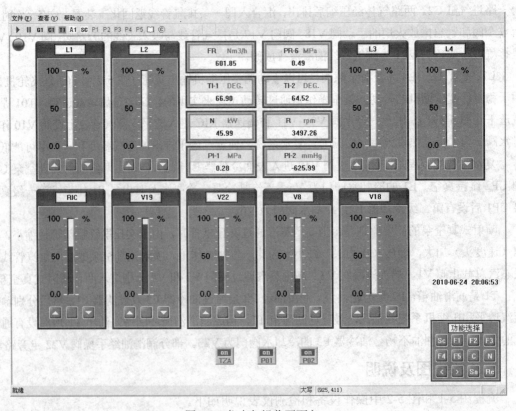

图 5-2 仪表与操作画面之一

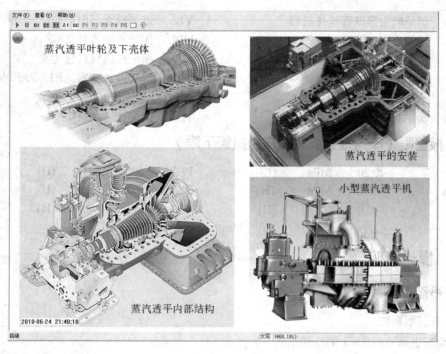

图 5-3 蒸汽透平结构画面

1. 指示仪表

PI-1 润滑油总压力（0～0.5 MPa）   PI-2 复水系统真空度（0～-760mmHg）

PI-3 透平主蒸汽压力（0～10.0 MPa）   PI-4 透平密封蒸汽压力（0～0.2 MPa）

PI-5 压缩机吸入压力(0～1.0 MPa)   PR-6 压缩机排出压力（0～1.0 MPa）

PI-7 复水系统冷却水压力（0～0.5 MPa）   TI-1 透平一号轴瓦温度(0～100℃)

TI-2 透平二号轴瓦温度（0～100℃）   TI-3 润滑油排出温度（0～100℃）

TI-4 压缩机排气温度（0～100℃）   N 透平机功率（0～50kW）

R 透平机转速（0～9999 r/min ）   FR 压缩机打气量（0～1000Nm³/h）

透平机转速的单位 r/min 和 rpm 具有相同含义，即转/分。

2. 手操器

RIC 透平调速器   L1 压缩机负荷调整余隙阀

L2 压缩机负荷调整余隙阀   L3 压缩机负荷调整余隙阀

L4 压缩机负荷调整余隙阀   V7 透平机密封蒸汽阀

V8 透平机密封蒸汽疏水排放阀   V9 透平机主蒸汽阀

V11 透平机蒸汽入口阀   V16 压缩机吸入管总阀

V17 排气、吸入管线旁路阀   V18 排气管线至火炬排放阀

V19 压缩机排气管总阀   V22 润滑油冷却器（E3）旁路阀

3. 开关及快开阀门

V1 喷射泵蒸汽主阀   V2 喷射泵蒸汽管线排放阀

V3 一级喷射泵蒸汽阀   V4 二级喷射泵蒸汽阀

V5 表面冷凝器（E1）冷却水阀   V6 冷凝器（E2）冷却水阀

V10	透平机主蒸汽管线排放阀	V12	透平机乏汽出口阀
V13	压缩机吸入管线排放阀	V14	压缩机吸入分支阀
V15	压缩机吸入总管考克	V20	压缩机排气总管考克
V21	压缩机排气管线排放阀	V23	润滑油冷却器（E3）冷却水阀
P01	复水循环泵开关	P02	润滑油泵开关
PAN	盘车开关	TZA	跳闸栓开关

4. 报警限（H 为报警上限，L 为报警下限）

PI-1	<0.20	MPa	(L)		PI-2	>–600	mmHg	(H)
PR-6	>0.80	MPa	{H}		TI-1	>70.0	℃	(H)
TI-2	>70.0	℃	(H)		TI-3	>45.0	℃	(H)
R	>4000	r/min	(H)					

三、操作说明

1. 冷态开车步骤

（1）开复水系统

① 全开表面冷凝器 E1 的冷却水阀 V5。

② 全开冷凝器 E2 冷却水阀 V6。

③ 全开喷射式真空泵主蒸汽阀 V1。

④ 开蒸汽管路排水阀 V2 至冷凝水排完后（待蓝色点消失）关闭。

⑤ 全开一级真空泵蒸汽阀 V3。

⑥ 全开二级真空泵蒸汽阀 V4。

⑦ 开表面冷凝器 E1 的循环排水泵开关 P01。

等待系统的真空度 PI-2 达到–600mmHg 以下，可进行开车操作。由于系统真空度需要一定的时间才能达到，这一段等待时间可以同时进行其他有关开车前的操作，如排水、排气、开润滑油系统、盘车等。

（2）开润滑油系统及透平密封蒸汽系统

① 开润滑油冷却水阀 V23。

② 将冷却器 E3 的旁路阀 V22 开度至 50%左右。当油温较高时，可适当关小 V22，油温将有所下降。

③ 开齿轮油泵 P02，使油压 PI-1 达到 0.25 MPa 以上为正常。

④ 开密封蒸汽阀 V7，开度约 60%。

⑤ 全开密封蒸汽管路排水阀 V8，等冷凝水排放完了（待蓝色点消失），将 V8 关至 5%～10%的开度。

⑥ 调整 V7，使密封蒸汽压力 PI-4 维持 0.01 MPa 左右。

（3）开透平机及往复压缩机系统

① 检查输出负荷余隙阀 L1、L2、L3、L4 是否都处于全开状态。

② 开盘车开关 PAN。

③ 全开压缩机吸入阀 V16 和考克 V15。

④ 开凝液排放阀 V13，当管路中残余的液体排放完成后（蓝色点消失），关闭 V13。

⑤ 全开 V14 支路阀，检查旁路阀 V17 是否关闭。

⑥ 检查放火炬阀 V18 是否关闭。

⑦ 全开压缩机排气管线阀 V19 和考克 V20。

⑧ 开压缩机排气管线排凝液阀 V21，直到排放完了（蓝色点消失），全关 V21。再次确认压缩机吸入、排出各管线的每一个阀门是否处于正常状态。

⑨ 将跳闸栓挂好，即开跳闸栓 TZA 继电器联锁按钮（当透平机超速时会自动跳闸，切断主蒸汽）。

⑩ 全开主蒸汽阀 V9，全开排水阀 V10，等管线中的冷凝水排完后（蓝色点消失），关 V10。

⑪ 全开透平乏汽出口阀 V12。

⑫ 缓慢打开透平机高压蒸汽入口阀 V11，透平机启动。观察透平机转速升到 1000 r/min 以上，关盘车开关 PAN。

⑬ 调整调速系统 RIC，注意调速过程有一定的惯性，使透平机转速逐渐上升到 3500 r/min 左右，并稳定在此转速下。

⑭ 逐渐全关负荷余隙阀 L1、L2，使排出流量（打气量）上升至 300 m³/h（标准状况）以上。

⑮ 逐渐全关负荷余隙阀 L3、L4，微调转速及阀 V19，使排出流量达到 600 m³/h（标准状况）左右。同时使排气压力达到 0.48 MPa 以上。

待以上工况稳定后，开车操作即告完成。此时应该注意油温、油压及透平机轴瓦温度是否有异常现象。

2. 停车步骤

① 全关透平机主蒸汽阀 V9、V11，使转速降至零。

② 全关透平乏汽出口阀 V12。

③ 全开负荷余隙阀 L1、L2、L3、L4。

④ 将跳闸栓 TZA 解列。

⑤ 关闭吸入阀 V16、V15、V14。

⑥ 关阀 V19、V20。

⑦ 关密封蒸汽阀 V7 和排水阀 V8。

⑧ 关油泵开关 P02。

⑨ 关 E3 冷却水阀 V23。

⑩ 关复水系统真空泵蒸汽阀 V4、V3，然后关 V1。

⑪ 关 E2 冷却水阀 V6。

⑫ 关 E1 冷却水阀 V5。

⑬ 停 E1 循环排水泵开关 P01。

3. 紧急停车

当出现润滑油压下降至 0.2 MPa 以下或透平机某个轴瓦超温或超速等紧急故障时，应使压缩机紧急停车。步骤如下：

① 迅速"打闸"，即将跳闸栓 TZA 迅速解列，切断透平主蒸汽；

② 关闭透平机主蒸汽阀 V9、V11；

③ 关闭透平机乏汽出口阀 V12。

然后进行正常停车的各项操作。

四、事故设置及排除

1. 润滑油温上升（F2）

事故现象　TI-3 的指示上升，超过 45℃。

事故原因　油冷却器冷却水量偏小或 V22 分流过大。

排除方法　关小阀 V22 减少分流。

2. 油压下降（F3）

事故现象　PI1 下降，低于 0.2 MPa，经过一段时间润滑油温 TI-3 上升超限。

事故原因　过滤器 F1 堵塞或油泵故障。

排除方法　紧急打闸停车（跳闸栓解列）。

3. 一号轴瓦超温（F4）

事故现象　TI-1 大于 70℃。

事故原因　一号轴瓦供油管路堵或油压下降。

排除方法　紧急打闸停车。

4. 二号轴瓦超温（F5）

事故现象　TI-2 大于 70℃。

事故原因　二号轴瓦供油管路堵或油压下降。

排除方法　紧急打闸停车。

5. 超速（F6）

事故现象　透平转速超过 4000 r/min。透平机轴瓦温度上升、功率上升、打气量上升、输出压力上升。

事故原因　主蒸汽流量上升。

排除方法　本压缩机跳闸转速设定在 4500 r/min。注意在跳闸前应及时发现转速上升的趋势，适当手调 RIC，可使转速回复到 3500 r/min。

五、开车评分信息

本软件设有三种开车评分信息画面。

1. 简要评分牌

能随时按功能选择键盘的"Sc"键调出。本评分牌显示当前的开车步骤成绩、开车安全成绩、正常工况质量（设计值）和开车总平均成绩。为了有充分的时间了解成绩评定结果，仿真程序处于冻结状态。按键盘的"空格"键返回。

2. 开车评分记录

开车评分画面能随时调出。本画面记录了开车步骤的分项得分、工况评分的细节、总报警次数及报警扣分信息。详见图 5-4。

3. 趋势画面

本软件的趋势画面记录了重要变量的历史曲线，可以与评分记录画面配合，对开车全过程进行评价。

图 5-4　开车评分记录画面

六、开车评分标准

1. 开车步骤评分要点

在跳闸栓 TZA 解脱的前提下：

①	完成主蒸汽管线冷凝水排放（V10）	5 分
②	完成真空蒸汽管线冷凝水排放（V2）	5 分
③	完成吸气管线排放（V13）	5 分
④	完成排气管线排放（V21）	5 分
⑤	开 E1 冷却水（开 V5）	5 分
⑥	开 E2 冷却水（开 V6）	5 分
⑦	开 E3 冷却水（开 V23）	5 分
⑧	开 E1 的冷凝水排水泵（开 P01）	5 分
⑨	开润滑油泵（开 P02）	12 分
⑩	盘车（开 PAN）	10 分
⑪	开迷宫式汽封蒸汽（开 V7 和 V8）	5 分
⑫	开负荷余隙阀 L1、L2、L3 和 L4	12 分
⑬	复水系统真空度<–600 mmHg	10 分

在跳闸栓搭扣且透平转速大于 1000 r/min 的前提下：

⑭	负荷余隙阀 L1、L2、L3 和 L4 关闭	5 分
⑮	不得盘车（关 PAN）	5 分

总计：99 分

2. 正常工况质量评分要点

① PI-2 <-610 mmHg		10 分
② V5 阀开		6 分
③ P01 开		5 分
④ L1、L2、L3 和 L4 关		10 分
⑤ 595 m³（标准状况/h）< FR < 605 m³（标准状况）/h		20 分
⑥ 0.475 MPa< PR–6 < 0.50 MPa		20 分
⑦ 3480 r/min< R < 3520 r/min		10 分
⑧ TI-1 < 69℃		6 分
⑨ TI-2 < 69℃		6 分
⑩ 0.008 MPa< PI-4 < 0.02 MPa		5 分

总计：98 分

思 考 题

1. 简述化工炼油企业采用蒸汽透平作动力源的重要意义。
2. 蒸汽透平由哪些主要部件和附属设备组成？
3. 蒸汽透平用什么方法调速？
4. 蒸汽透平的复水系统在提高热机效率中的作用是什么？
5. 蒸汽透平的迷宫式蒸汽密封原理是什么？
6. 简述蒸汽透平轴瓦的结构及对润滑油系统的要求。
7. 蒸汽透平开车前为什么必须对高压蒸汽管路进行排冷凝水操作？
8. 复水系统的冷凝器（E1）结构有何特点？为什么必须及时将冷凝水排走？
9. 试述蒸汽喷射泵抽真空的原理及在复水系统中的作用。
10. 说明蒸汽透平的跳闸栓对往复压缩机的保护作用。
11. 简述透平及往复压缩机油路系统的结构和各设备部件的作用。
12. 往复压缩机为什么需用齿轮减速箱和飞轮机构？
13. 往复压缩机是怎样压缩气体的？
14. 简述往复压缩机的主要部件及结构。
15. 试述往复压缩机的曲轴、连杆、十字头和活塞的动作原理。
16. 往复压缩机负荷余隙阀（L1、L2、L3 及 L4）的作用原理是什么？
17. 为什么往复压缩机的吸入和排气管上均设置了油水排放阀门？
18. 机组开车前为什么必须先将油路运行正常？
19. 机组开车前为什么必须进行盘车试验？
20. 为什么往复式压缩机排气温度较高？
21. 影响压缩机排气量的因素主要有哪些？如何计算排气量？
22. 往复压缩机气阀有何特殊结构？技术要求是什么？
23. 往复压缩机在运行过程中，应巡回检查及操作哪些内容？
24. 往复压缩机在运行过程中的常见故障有哪些？如何排除？

第六章
间 歇 反 应

一、工艺流程简介

间歇反应过程在精细化工、制药、催化剂制备、染料中间体等行业应用广泛。本间歇反应选用硫化促进剂岗位案例，其物料特性差异大，多硫化钠需要通过反应制备。反应属放热过程，由于二硫化碳的饱和蒸汽压随温度上升而迅猛上升，冷却操作不当会发生剧烈爆炸；反应过程中有主副反应的竞争，必须设法抑制副反应；然而主反应的活化能较高，又期望较高的反应温度。如此多种因素交织在一起，使本间歇反应具有典型代表意义。

在叙述工艺过程之前必须说明，选择某公司有机厂的硫化促进剂间歇反应岗位为参照，目的在于使本仿真培训软件更具有工业背景，但并不拘泥于该流程的全部真实情况。为了使软件通用性更强，对某些细节做了适当的变通处理和简化。

有机厂缩合反应的产物是橡胶硫化促进剂 DM 的中间产品。它本身也是一种硫化促进剂，称为 M，但活性不如 DM。

DM 是各种橡胶制品的硫化促进剂，能大大加快橡胶硫化的速度。硫化作用能使橡胶的高分子结构变成网状，从而使橡胶的抗拉断力、抗氧化性、耐磨性等加强。它和促进剂 D 合用适用于棕色橡胶的硫化，与促进剂 M 合用适用于浅色橡胶硫化。

本间歇反应岗位包括了备料工序和缩合工序。基本原料为 4 种：硫化钠（Na_2S）、硫磺（S）、邻硝基氯苯（$C_6H_4ClNO_2$）及二硫化碳（CS_2）。

备料工序包括多硫化钠制备与沉淀、二硫化碳计量、邻氯苯计量。

1. 多硫化钠制备反应

此反应是将硫磺（S）、硫化钠（Na_2S）和水混合，以蒸汽加热、搅拌，在常压开口容器中反应，得到多硫化钠溶液。反应时有副反应发生，此副反应在加热接近沸腾时才会有显著的反应速度。因此，多硫化钠制备温度不得超过 85℃。

多硫化钠的含硫量以指数 n 表示。实验表明，硫指数较高时，促进剂的缩合反应产率提高。但当 n 增加至 4 时，产率趋于定值。此外，当硫指数过高时，缩合反应中析出游离硫的量增加，容易在蛇管和夹套传热面上结晶而影响传热，使反应过程中压力难于控制，所以硫指数应取适中值。

2. 二硫化碳计量

二硫化碳易燃易爆，不溶于水，密度大于水。因此，可以采用水封隔绝空气保障安全。同时还能利用水压将储罐中的二硫化碳压至高位槽，高位槽具有夹套水冷系统。

3. 邻硝基氯苯计量

邻硝基氯苯熔点为31.5℃，不溶于水，常温下呈固体状态。为了便于管道输送和计量，必须将其熔化，并保存于具有夹套蒸汽加热的储罐中。计量时，利用压缩空气将液态邻硝基氯苯压至高位槽，高位槽也具有夹套保温系统。

4. 缩合反应工序

缩合工序历经下料、加热升温、冷却控制、保温、出料及反应釜清洗阶段。

邻硝基氯苯、多硫化钠和二硫化碳在反应釜中经夹套蒸汽加入适度的热量后，将发生复杂的化学反应，产生促进剂M的钠盐及其副产物。缩合反应不是一步合成，实践证明还伴有副反应发生。缩合收率的大小与这个副反应有密切关系。当硫指数较低时，反应是向副反应方向进行。主反应的活化能高于副反应，因此提高反应温度有利于主反应的进行。但在本反应中若升温过快、过高，将可能造成不可遏制的爆炸而产生重大事故。

保温阶段之目的是尽可能多地获得所期望的产物。为了最大限度地减少副产物的生成，必须保持较高的反应釜温度。操作员应经常注意釜内压力和温度，当温度压力有所下降时，应向夹套内通入适当蒸汽以保持原有的釜温、釜压。

缩合反应历经保温阶段后，接着利用蒸汽压力将缩合釜内的料液压入下道工序。出料完毕，用蒸汽吹洗反应釜，为下一批作业做好准备。本间歇反应岗位操作即告完成。

二、流程图说明

硫化促进剂间歇反应工艺流程图6-1，说明如下。

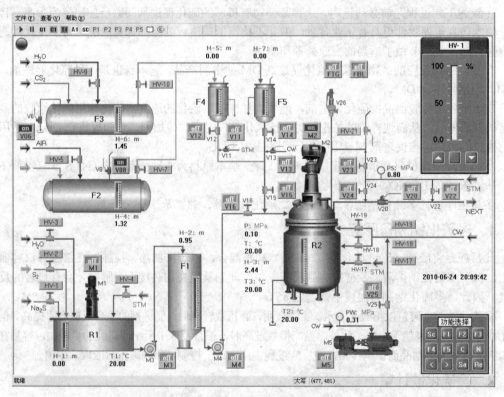

图6-1　硫化促进剂间歇反应流程图画面

R1是敞开式多硫化钠反应槽。用手操阀HV-1加硫化钠（假定是流体，以便仿真操作），用手操阀 HV-2 加硫磺（假定是流体，以便仿真操作），用手操阀 HV-3 加水，用 HV-4 通入直接蒸汽加热。反应槽设有搅拌，其电机开关为 M01。反应槽液位由 H-1 指示，单位是米（m），温度由 T1 指示。R1 中制备完成的多硫化钠通过泵 M3 打入立式圆桶形沉淀槽 F1。液位由 H-2 指示，单位 m。经沉淀的多硫化钠清液从 F1 沉淀层的上部引出，通过泵 M4 及出口阀 V16 打入反应釜 R2。F1 中的固体沉淀物从底部定期排污。

  F2 是邻硝基氯苯原料的卧式储罐。为了防止邻硝基氯苯在常温下凝固，F2 设有蒸汽夹套保温。物料液位由 H-4 指示，单位 m。F2 顶部设压缩空气管线，手操阀 HV-5 用于导入压缩空气，以便将邻硝基氯苯压入高位计量槽 F4。F2 顶还设有放空管线和放空阀 V8，当压料完成时泄压用。插入 F2 罐底的管线连接至邻硝基氯苯计量槽 F4 的顶部。手操阀 HV-7 用于控制邻硝基氯苯上料流量。F4 设料位指示 H-5，单位 m。F4 顶有通大气的管线，防止上料及下料不畅。F4 的 1.2 m 高处设溢流管返回收罐，用于准确计量邻硝基氯苯。F4 亦用蒸汽夹套保温。下料管经阀门 V12 和 V15 连接反应釜 R2。为防止邻硝基氯苯凝固堵管，设蒸汽吹扫管线，V11 为吹扫蒸汽阀门。

  F3 是二硫化碳原料的卧式储罐。为了防止二硫化碳挥发逸出着火爆炸，利用二硫化碳比水重且不溶于水的特性，F3 设有水封。二硫化碳液位由 H-6 指示，单位 m。F3 顶部设自来水管线，手操阀 HV-9 用于导入有压自来水，以便将二硫化碳压入高位计量槽 F5。F3 顶还设有泄压管线和泄压阀 V6，当压料完成时泄压用。插入 F3 罐底的管线连接至二硫化碳计量槽 F5 的顶部。手操阀 HV-10 用于调节二硫化碳上料流量。F5 设料位指示 H-7，单位 m。F5 顶有通大气的管线，防止上料及下料不畅。F5 的 1.4 m 高处设溢流管返回收罐，用于准确计量二硫化碳。F5 用冷却水夹套降温，防止二硫化碳挥发逸出燃烧爆炸。下料管经阀门 V14 和 V15 连接反应釜 R2。为防止下料管线温度高导致二硫化碳挥发逸出，设冷却水管线，V13 为冷却水阀门。

  反应釜 R2 是本间歇反应的主设备。为了及时观察反应状态，R2 顶部设压力表 P，单位 MPa。设釜内温度表 T，单位 ℃，料位计 H-3，单位 m。反应釜夹套设双重作用，在诱发反应阶段，用手操阀门 HV-17 通蒸汽加热；在反应诱发后，用手操阀门 HV-18 通冷却水降温。反应釜内设螺旋蛇管，在反应剧烈阶段用于加强冷却，冷却水手操阀门为 HV-19。冷却水管线与多级高压水泵出口相连。高压泵出口阀为 V25，电机开关为 M05。插入反应釜底的出料管线经阀门 V20 至下一工序。为了防止反应完成后出料时硫磺遇冷堵管，自 V20 至釜内的管段由阀门 V24 引蒸汽吹扫。自 V20 至下工序的管段由阀门 V22 引蒸汽吹扫。阀门 V23 引蒸汽至反应釜上部汽化空间，用于将物料压至下工序。釜顶设放空管线，手操阀门 HV-21 为放空阀。V26 是反应釜的安全阀。温度计 T2、T3 分别为夹套与蛇管出水测温计。

  软件各画面（见图 6-1、图 6-2）中的设备、阀门及仪表分列如下，间歇反应器结构画面如图 6-3 所示。

1. 工艺设备

R1 多硫化钠制备反应器	R2 缩合反应釜
F1 多硫化钠沉淀槽	F2 邻硝基氯苯储罐
F3 二硫化碳储罐	F4 邻硝基氯苯计量槽
F5 二硫化碳计量槽	M1 多硫化钠制备反应器搅拌电机
M2 缩合反应釜搅拌电机	M3 多硫化钠输送泵电机
M4 多硫化钠输送泵 2 电机	M5 高压水泵电机

2. 指示仪表

P 反应釜压力 MPa	T 反应釜温度 ℃
T1 多硫化钠制备反应温度 ℃	T2 夹套冷却水出口温度 ℃

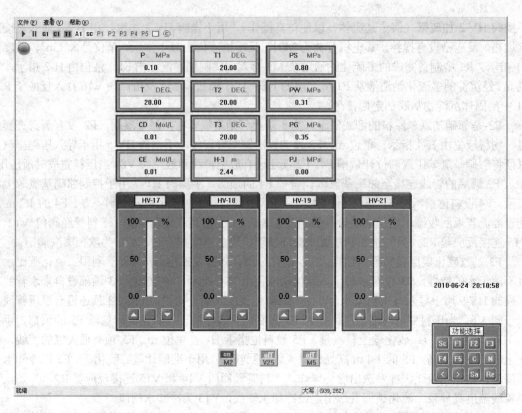

图 6-2 指示与操作画面

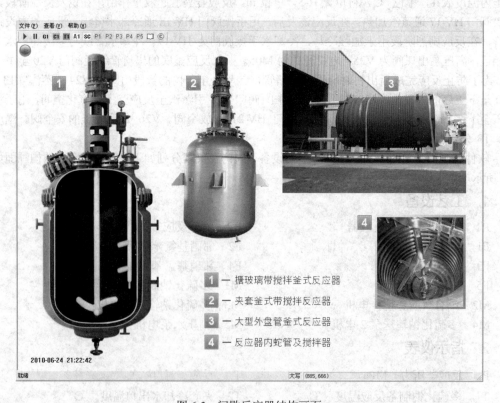

1 — 搪玻璃带搅拌釜式反应器
2 — 夹套釜式带搅拌反应器
3 — 大型外盘管釜式反应器
4 — 反应器内蛇管及搅拌器

图 6-3 间歇反应器结构画面

T3	蛇管冷却水出口温度　℃	H-1	多硫化钠制备反应器液位　m
H-2	沉淀槽液位　m	H-3	缩合釜液位　m
H-4	邻硝基氯苯储罐液位　m	H-5	邻硝基氯苯计量槽液位　m
H-6	二硫化碳储罐液位　m	H-7	二硫化碳计量槽液位　m
PS	主蒸汽压力　MPa	PW	冷却水压力　MPa
PG	压缩空气压力　MPa	PJ	当夹套加热时蒸汽压力　MPa
CD	主产物浓度　mol/L	CE	副产物浓度　mol/L

3. 手操器

HV-1	液态硫化碱阀	HV-2	液态硫阀
HV-3	水阀	HV-4	蒸汽加热阀
HV-5	压缩空气阀	HV-7	邻硝基氯苯储罐出口阀
HV-9	自来水阀	HV-10	二硫化碳储罐出口阀
HV-17	夹套蒸汽加热阀	HV-18	夹套水冷却阀
HV-19	蛇管水冷却阀	HV-21	反应釜放空阀

4. 开关与快开阀门

V8	邻氯苯储罐泄压阀	V6	二硫化碳储罐泄压阀
V11	蒸汽预热阀	V12	邻硝基氯苯计量槽下料阀
V13	自来水冷却阀	V14	二硫化碳计量槽下料阀
V15	反应釜进料阀	V16	反应釜进料阀
V20	反应釜出料阀	V22	蒸汽预热阀
V23	蒸汽压料阀	V24	反应釜蒸汽清洗阀
V25	高压水泵出口阀	V26	反应釜安全阀
M01	多硫化钠反应器搅拌开关	M02	缩合反应釜搅拌开关
M03	沉淀槽进料（多硫化钠）泵开关	M04	缩合反应釜进料（多硫化钠）泵开关
M05	高压冷却水泵开关	FTG	事故通管开关
FBL	事故补料开关		

5. 报警限说明

反应温度超高高限紧急报警	$T > 160$	℃	(HH)
反应压力高限报警	$P > 0.8$	MPa	(H)
反应压力高高限报警	$P > 1.2$	MPa	(HH)
反应釜液位高限报警	$H\text{-}3 > 2.7$	m	(H)
多硫化钠反应温度高限报警	$T1 > 85$	℃	(H)
邻硝基氯苯储罐液位	$H\text{-}4 < 1.2$	m	(L)
二硫化碳储罐液位	$H\text{-}6 < 1.3$	m	(L)

三、操作说明

1. 准备工作

检查各开关、手动阀门是否关闭。

2. 多硫化钠制备

① 打开硫化碱阀 HV-1，向多硫化钠制备反应器 R1 注入硫化碱，使液位 H-1 升至 0.4m，关

闭阀 HV-1。

② 打开熔融硫阀 HV-2,向多硫化钠制备反应器 R1 注入硫磺,液位 H-1 升至 0.8m,关闭 HV-2。

③ 打开水阀 HV-3,使多硫化钠制备反应器 R1 液位 H-1 升至 1.2m,关闭 HV-3。

④ 开启多硫化钠制备反应器搅拌电机 M1 开关 M01。

⑤ 打开多硫化钠制备反应器 R1 蒸汽加热阀 HV-4,使温度 T1 上升至 81～84℃（升温需要一定时间,可利用此时间差完成其他操作）。保持搅拌 5min（实际生产为 3h）。**注意当反应温度 T1 超过 85℃时将使副反应加强,此种情况会报警扣分。**

⑥ 开启多硫化钠输送泵 M3 的电机开关 M03,将多硫化钠料液全部打入沉淀槽 F1,静置 5min（实际为 4h）备用。

3. 邻硝基氯苯计量备料

① 检查并确认通大气泄压阀 V8 是否关闭。

② 检查并确认邻硝基氯苯计量槽 F4 下料阀 V12 是否关闭。

③ 打开上料阀 HV-7。

④ 开启并调整压缩空气进气阀 HV-5。观察邻硝基氯苯计量槽 F4 液位 H-5 逐渐上升,且邻硝基氯苯储罐液位 H-4 略有下降,直至计量槽液位 H-5 达到 1.2m。由于计量槽装有溢流管,液位一旦达到此高度将不再上升。但如果不及时关闭 HV-7,则储罐液位 H-4 会继续下降。**注意储罐液位下降过多,将被认为操作失误而扣分。**

⑤ 压料完毕,关闭 HV-7 及 HV-5。打开泄压阀 V8。如果忘记打开 V8,会被认为操作失误而扣分。

4. 二硫化碳计量备料

① 检查并确认通水池的泄压阀 V6 是否关闭。

② 检查并确认二硫化碳计量槽 F5 下料阀 V14 是否关闭。

③ 打开上料阀 HV-10。

④ 开启并调整自来水阀 HV-9,使二硫化碳计量槽 F5 液位 H-7 上升。此时二硫化碳储罐液位 H-6 略有下降,直至计量槽液位 H-7 达到 1.4m。由于计量槽装有溢流管,液位将不再上升。但若不及时关闭 HV-10,则储罐液位 H-6 会继续下降,此种情况会被认为操作失误而扣分。

⑤ 压料完毕,关闭阀门 HV-10 及 HV-9。打开泄压阀 V6。如果忘记打开 V6,会被认为操作失误而扣分。

5. 向缩合反应釜加入 3 种物料

① 检查并确认反应釜 R2 放空阀 HV-21 是否开启,否则会引起计量槽下料不畅。

② 检查并确认反应釜 R2 进阀 V15 是否打开。

③ 打开管道冷却水阀 V13 约 5s,使下料管冷却后关闭 V13。

④ 打开二硫化碳计量槽 F5 下料阀 V14,观察计量槽液位因高位势差下降,直至液位下降至 0.0m,即关闭 V14。

⑤ 再次开启冷却水阀 V13 约 5s,将管道中残余的二硫化碳冲洗入反应釜,关 V13。

⑥ 开启管路蒸汽加热阀 V11 约 5s,使下料管预热,关闭 V11。

⑦ 打开邻硝基氯苯计量槽 F4 下料阀 V12,观察液位指示仪,当液位 H-5 下降至 0.0m,即关 V12。

⑧ 再次开启管路蒸汽加热阀 V11 约 5s,将管道中残余的邻硝基氯苯冲洗干净,即关闭 V11。关闭阀 V15,全关反应釜 R2 放空阀 HV-21。

⑨ 检查并确认反应釜 R2 进料阀 V16 是否开启。

⑩ 启动多硫化钠输送泵 M4 电机开关 M04，将沉淀槽 F1 静置后的料液打入反应釜 R2。**注意反应釜的最终液位 H-3 大于 2.41 m 时，必须及时关泵**，否则反应釜液位 H-3 会继续上升，当大于 2.7 m 时，将引起液位超限报警扣分。

⑪ 当反应釜的最终液位 H-3 小于 2.4 m 时，必须补加多硫化钠，直至合格。否则软件设定不反应。

6. 缩合反应操作

本部分难度较大，能够训练学员分析能力、决策能力和应变能力。需通过多次反应操作，并根据亲身体验到的间歇反应过程动力学特性，总结出最佳操作方法。

① 认真且迅速检查并确认：放空阀 HV-21，进料阀 V15、V16，出料阀 V20 是否关闭。

② 开启反应釜 R2 搅拌电机 M02，观察釜内温度 T 已经略有上升。

③ 适当打开夹套蒸汽加热阀 HV-17，观察反应釜内温度 T 逐渐上升。**注意加热量的调节应使温度上升速度适中。加热速率过猛，会使反应后续的剧烈阶段失控而产生超压事故。加热速率过慢，会使反应停留在低温压，副反应会加强，影响主产物产率。反应釜温度和压力是确保反应安全的关键参数，所以必须根据温度和压力的变化来控制反应的速率。

④ 当温度 T 上升至 45℃ 左右应停止加热，关闭夹套蒸汽加热阀 HV-17。反应此时已被深度诱发，并逐渐靠自身反应的放热效应不断加快反应速度。

⑤ 应根据具体情况，主要是根据反应釜温度 T 上升的速率，在 0.10～0.20 ℃/s 以内，当反应釜温度 T 上升至 65℃ 左右(釜压 0.18MPa 左右)，间断小量开启夹套冷却水阀门 HV-18 及蛇管冷却水阀门 HV-19，控制反应釜的温度和压力上升速度，提前预防系统超压。在此特别需要指出的是：开启 HV-18 和 HV-19 的同时，应当观察夹套冷却水出口温度 $T2$ 和蛇管冷却水出口温度 $T3$ 不得低于 60℃。如果低于 60℃，反应物产物中的硫磺（副产物之一）将会在夹套内壁和蛇管传热面上结晶，增大热阻，影响传热，因而大大降低冷却控制作用。特别是当反应釜温度还不足够高时更易发生此种现象。反应釜温度大约在 90℃(釜压 0.34MPa 左右)以下副反应速率大于主反应速率，反应釜温度大约在 90℃ 以上主反应速率大于副反应速率。

⑥ 反应预计在 95～110℃（或釜压 0.41～0.55 MPa）进入剧烈难控的阶段，学员应充分集中精力并加强对 HV-18 和 HV-19 的控制。这一阶段学员既要大胆升压，又要谨慎小心，防止超压。为使主反应充分进行，并尽量减弱副反应，应使反应温度维持在 121℃（或压力维持在 0.69 MPa 左右）。但压力维持过高，一旦超过 0.8 MPa（反应温度超过 128℃），将会报警扣分。

⑦ 如果反应釜压力 P 上升过快，已将 HV-18 和 HV-19 开到最大，仍压制不住压力的上升，可迅速打开高压水阀门 V25 及高压水泵电机开关 M05，进行强制冷却。

⑧ 如果开启高压水泵后仍无法压制反应，当压力继续上升至 0.83MPa（反应温度超过 130℃）以上时，应立刻关闭反应釜 R2 搅拌电机 M2。此时物料因密度不同而分层，反应速度会减缓。如果强制冷却及停止搅拌奏效，一旦压力出现下降趋势，应关闭 V25 及高压水泵开关 M05，同时开启反应釜搅拌电机开关 M02。

⑨ 如果操作不按规程进行，特别是前期加热速率过猛，加热时间过长，冷却又不及时，反应可能进入无法控制的状态。即使采取了第⑦、⑧项措施还控制不住反应压力，当压力超过 1.20 MPa 已属危险超压状态，将会再次报警扣分。此时应迅速打开放空阀 HV-21，强行泄放反应釜压力。由于打开放空阀会使部分二硫化碳蒸汽散失（当然也污染大气），所以压力一旦有所下降，应立刻关闭 HV-21。若关闭阀 HV-21 压力仍上升，可反复数次。需要指出，二硫化碳的散失会直接影响主产物产率。

⑩ 如果第⑦、⑧、⑨三种应急措施都不能见效，反应器压力超过 1.60 MPa，将被认定为反应器爆炸事故。此时紧急事故报警闪光，仿真软件处于冻结状态。成绩为零分。

7. 反应保温阶段

如果控制合适，反应历经剧烈阶段之后，压力 P、温度 T 会迅速下降。此时应逐步关小冷却水阀 HV-18 和 HV-19，使反应釜温度保持在 120℃（压力保持在 0.68～0.70 MPa 左右），不断调整直至全部关闭掉 HV-18 和 HV-19。当关闭 HV-18 和 HV-19 后出现压力下降时，可适当打开夹套蒸汽加热阀 HV-17，仔细调整，使反应釜温度始终保持在 120℃（压力保持在 0.68～0.70 MPa ）5～10min（实际为 2～3h）。保温之目的在于使反应尽可能充分地进行，以便达到尽可能高的主产物产率。此刻是观看开车成绩的最佳时刻。教师可参考记录曲线，综合评价学员开车水平。

8. 出料及清洗反应器

① 完成保温后，即可进入出料及反应釜清洗阶段。首先打开放空阀 HV-21 约 10s（实际为 2～5min），放掉釜内残存的可燃气体及硫化氢。

② 关闭放空阀 HV-21，打开出料增压蒸汽阀 V23，使釜内压力升至 0.79 MPa 以上。

③ 打开出料管预热阀 V22 及 V24 约 10s（实际为 2～5min），关闭 V22 及 V24。

④ 立即打开出料阀 V20，观察反应釜液位 H-3 逐渐下降，但釜内压力不变。当液位 H-3 下降至 0.09m 时，压力开始迅速下降到 0.44 MPa 左右，保持 10s，充分吹洗反应釜及出料管。

⑤ 关闭出料管 V20 及蒸汽增压阀 V23。

⑥ 打开蒸汽阀 V24 及放空阀 HV-21 吹洗反应釜 10s（实际为 2～5min）。关闭阀门 V24。至此全部反应岗位操作完毕，可进入操作下一批反应的准备工作。

四、事故设置及排除

为了训练学员在事故状态下的应变及正确处理能力，本仿真软件可以随机设定 5 种常见事故的状态，每次设定其中的任一个。由于间歇过程不存在正常工况，事故应在开车前设置。5 种事故的现象、排除方法和合格标准分述如下。

1. 压力表堵故障（F2）

事故现象 由于产物中有硫磺析出，压力表测压管口堵塞的事故时有发生。其现象是无论反应如何进行，压力指示 P 不变。此时如果学员不及时发现，一直加热，会导致超压事故。

排除方法 发现压力表堵后，应立即转变为以反应釜温度 T 为主参数控制反应的进行。几个关键反应阶段的参考数据如下。

① 升温至 45～55℃应停止加热。

② 65～75℃开始冷却。

③ 反应剧烈阶段约维持在 115℃左右。

④ 反应温度大于 128℃相当于压力超过 0.8 MPa，已处于事故状态。

⑤ 反应温度大于 150℃相当于压力超过 1.20 MPa。

⑥ 反应温度大于 160℃相当于压力超过 1.50 MPa，已接近爆炸事故。

合格标准 按常规反应标准记分。

2. 无邻硝基氯苯（F3）

事故现象 由于液位计失灵或邻硝基氯苯储罐中料液已压空，而错压了混有铁锈的水。从颜色上很难同邻硝基氯苯区分。这种故障在现场时有发生。主要现象将在反应过程中表现出来。由于反应釜中的二硫化碳只要加热，压力则迅速上升，一旦冷却，压力立即下降。反应釜中并无任何反应进行。

排除方法 根据现象确认反应釜无邻硝基氯苯后，首先开大冷却水量，使反应釜内温度下降至25℃以下。在现场必须重新取样分析，确定补料量及补料措施后重新开车。在仿真培训器上为了提高培训效率，只需按动"补料处理"键FBL，即可重新开始反应。

合格标准 学员必须能够及时发现事故，并判断反应釜内有邻硝基氯苯，立刻采取降温措施，停搅拌，按动"补料处理"键FBL，再按常规情况重新完成反应为合格。

3. 无二硫化碳（F4）

事故现象 由于液位计失灵或操作失误把水当成料液，使反应釜中无二硫化碳。此时仅有副反应单独进行，温度上升很快，反应也十分剧烈。但由于没有二硫化碳，反应压力不会大幅度上升，即使反应温度超过160℃，压力也不会超过0.7 MPa。

排除方法 确认反应釜无二硫化碳后，首先开大冷却水量，使反应釜内温度下降至 25℃以下（省去现场取样分析）。停搅拌，按动"补料处理"键FBL，就可以重新按常规方法开车反应。

合格标准 学员必须能够及时发现事故，并判断反应釜内无二硫化碳。立刻采取降温措施，停止搅拌，按动"补料处理"键FBL，再按常规情况重新完成反应为合格。

4. 出料管堵（F5）

事故现象 由于产物中有硫磺析出，如果出料阀门漏液，或前一次反应出料后没有冲洗干净，或主蒸汽压力过低时出料，则很有可能发生出料管堵故障。其现象是出料时虽然打开了出料阀，反应釜内压力也很高，但反应釜内液位H-3不下降。

排除方法 在真实现场，必须沿出料管线检查堵管位置，用高温蒸汽吹扫。如果此法无效，只有拆下被堵管，用火烧化硫磺，或更换管段及漏料的阀门。在仿真器上用"通管处理"键FTG代表以上检查与处理，即可正常出料。

合格标准 及时发现出料管堵故障，并能立刻按下"通管处理"键FTG。

5. 出料压力低（F6）

事故现象 当全厂蒸汽用户满负荷时，常出现主蒸汽压力不足的情况。正常时主蒸汽压力为0.8 MPa，如果降至0.3 MPa，就无法靠蒸汽压把料液全部压出反应釜。这也是造成出料管堵塞的重要原因。

排除方法 可以利用反应釜内残余的二硫化碳加热后会产生较高的饱和蒸汽压这一物理现象，靠反应釜内存储的压力出料。采用此方法必须注意随着反应釜内液位下降，汽化空间逐渐扩大，压力会降低。所以必须使出料前压力足够高，否则会产生出料中途停止的故障。

合格标准 能预先发现主蒸汽压力不足。出料时能利用釜内压力将产品料液全部压出至下道工序。

五、开车评分信息

本软件设有3种开车评分信息画面。

1. 简要评分牌

能随时按功能选择键盘的"Sc"键调出。本评分牌显示当前的开车步骤成绩、开车安全成绩、正常工况质量（设计值）和开车总平均成绩。为了有充分的时间了解成绩评定结果，仿真程序处于冻结状态。按键盘的"空格"键返回。

2. 开车评分记录

开车评分画面能随时调出。本画面记录了开车步骤的分项得分、工况评分的细节、总报警次数及报警扣分信息。详见图6-4。

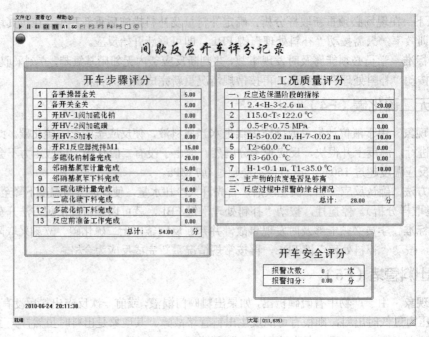

图 6-4   开车评分记录画面

3. 趋势记录

本软件的趋势画面记录了重要变量的历史曲线，可以与评分记录画面配合，对开车全过程进行评价。典型的间歇反应趋势记录曲线详见图6-5。

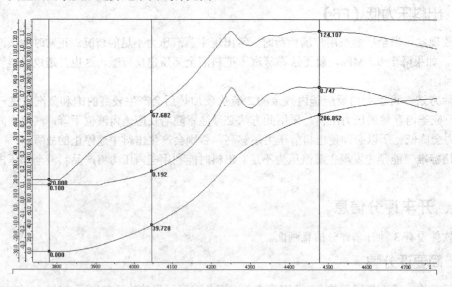

图 6-5   典型的间歇反应趋势记录曲线

六、开车评分标准

1. 开车步骤评分要点

① 各手操器全关   5分

② 各开关全关   5分

③ 开 V1 阀加硫化钠　　　　　　　　　　　　　　　　5 分
④ 开 V2 阀加硫磺　　　　　　　　　　　　　　　　　5 分
⑤ 开 V3 阀加水　　　　　　　　　　　　　　　　　　5 分
⑥ 开 R1 搅拌（M01）　　　　　　　　　　　　　　　15 分
⑦ 多硫化钠制备完成（0.9m<H-1<1.1m, T1>79℃）　　20 分
⑧ 邻硝基氯苯计量完成（H-5>1.0m, V12 关, V11 和 V15 开）　　5 分
⑨ 邻硝基氯苯下料完成（H-5<0.1m, V12 关, V11 和 V15 开）　　4 分
⑩ 二硫化碳计量完成（H-7>1.0m, V14 关, V13 和 V15 开）　　5 分
⑪ 二硫化碳下料完成（H-7<0.1m, V14 关, V13 和 V15 开）　　4 分
⑫ 多硫化钠下料完成　　　　　　　　　　　　　　　　5 分
⑬ 反应开始前准备工作完成，关 V15、V16 阀，
　　开搅拌 M02，开阀门 V6、V8，关 HV-21　　　　　15 分

总计：98 分

2. 正常工况质量评分要点

（1）反应达保温阶段的指标（N1）
① 2.4 m< H-3 < 2.6m　　　　　　　　　　　　　　20 分
② 115℃ < T < 122℃　　　　　　　　　　　　　　20 分
③ 0.5 MPa< P < 0.75MPa　　　　　　　　　　　　20 分
④ H-5<0.02m, H-7<0.02m　　　　　　　　　　　　10 分
⑤ T2>60℃　　　　　　　　　　　　　　　　　　　10 分
⑥ T3>60℃　　　　　　　　　　　　　　　　　　　10 分
⑦ H-1<0.1m, T1<35℃　　　　　　　　　　　　　　10 分

（2）主产物的浓度是否足够高（N2）
（3）反应过程中的报警综合情况（N3）

质量总分=f(N1,N2,N3)

思 考 题

1. 简述橡胶硫化促进剂间歇反应过程的工艺流程。
2. 本间歇反应历经了几个阶段？每个阶段有何特点？
3. 本间歇反应釜有哪些部件？有哪些操作点？在反应过程中各起什么作用？
4. 为什么反应剧烈阶段初期，夹套与蛇管冷却水量不得过大？是否和基本原理相矛盾？
5. 什么是主反应？什么是副反应？主副反应的竞争会导致什么结果？
6. 本间歇反应的主副反应各有何特点？
7. 本间歇反应如何操作能减少副产物的生成？
8. 反应一旦超压，有几种紧急处理措施？如何掌握分寸？
9. 本反应超压的原因是什么？为什么超压放空不得长时间进行？
10. 反应剧烈阶段停搅拌为什么能减缓反应速率？
11. 如何判断反应达到终点？什么情况会出现假终点？
12. 为什么反应达到终点后还要进行 2h 的保温？
13. 如果压力表堵，而此时反应已升压，应如何处理？

14. 为什么前期加热升温过量会导致反应后期剧烈程度增强且难于控制?

15. 保温阶段完成后，简述出料的操作步骤。

16. 本反应缺少二硫化碳会有什么现象? 为什么?

17. 本反应缺少邻硝基氯苯会有什么现象? 为什么?

18. 本反应失控爆炸为什么威力巨大?

19. 如果从反应开始就忘记关放空阀，会导致什么后果?

20. 根据你的训练经验，试总结间歇反应的最佳操作法。

21. 试设计本间歇反应的自动控制系统。

第七章
连 续 反 应

一、工艺流程简介

连续带搅拌的釜式反应器（CSTR）是化工过程中常见的单元操作。丙烯聚合过程是典型的连续反应，如流程图 7-1 所示，丙烯聚合过程采用了两釜并联进料串联反应的流程。聚合反应是在己烷溶剂中进行的，故称溶剂淤浆法聚合。首釜 D-201 设有夹套冷却水散热及汽化散热，汽化后的气体经冷却器 E-201 进入 D-207 罐。D-207 罐上部汽化空间的含氢（分子量调节剂）的未凝气通过鼓风机 C-201 经插入釜底的气体循环管返回首釜，形成丙烯气体压缩制冷回路。第二釜 D-202 采用夹套冷却和浆液釜外循环散热。

工艺流程简介如下：新鲜丙烯进料经阀门 HV1 进入储罐 D-207。后续工段回收的循环丙烯经阀门 HV2 进入储罐 D-207，再经泵 P-201 打入釜 D-201。己烷经过阀门 HV6 和 HV7 分别进入釜 D-201 和 D-202。首釜由阀门 HV8 与 HV9 分别加入催化剂 A 和活化剂 B。汽相丙烯经阀门 HV10 进入釜 D-202 作为补充进料。少量的氢气通过控制阀（AIC-01、02）进入两釜，分别用于控制聚丙烯熔融指数。熔融指数表征了聚丙烯的分子量分布。

首釜的主要操作点，有超压或停车时使用的放空阀 HV11，釜底泄料阀 HV13，夹套加热热水阀 HV4，搅拌电机开关 M01，气体循环冷却手动调整旁路阀 HV3，鼓风机开关 C01（备用鼓风机开关 C1B）。

第二釜的主要操作点，有超压或停车时使用的放空阀 HV12，釜底泄料阀 HV14，夹套加热热水阀 HV5，夹套冷却水阀 HV15，搅拌电机开关 M02，浆液循环泵电机开关 P06。

储罐 D-207 的主要操作点，有丙烯进料阀 HV1，循环液相回收丙烯进料阀 HV2，丙烯输出泵 P-201 开关 P01（备用泵开关 P1B）。

图 7-3 为带搅拌的釜式反应器结构画面。图 7-4 为聚丙烯塑料部分产品。

二、控制系统简介

图 7-2 为控制组画面。

首釜的控制点有：LIC-03 浆液液位控制器（正作用），控制阀位于釜底出料管线上；TIC-03 气体循环冷却器 E-201 出口温度控制器（正作用），控制阀位于冷却水出口管线上；TIC-04 釜温控制器（正作用），控制阀位于夹套冷却水入口管线上；AIC-01 聚丙烯熔融指数控制器（反作用），控制阀位于釜顶氢气入口管线上。

第二釜的控制点有：LIC-04 浆液液位控制器（正作用），控制阀位于釜底出料管线上；TIC-06 釜温控制器（正作用），控制阀位于冷却器 E-202 冷却水出口管线上，通过冷却循环浆液控制釜温；

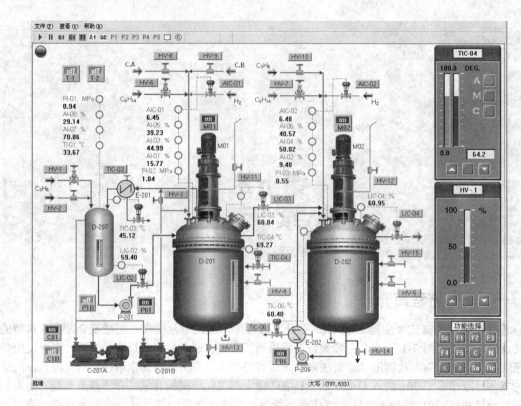

图 7-1 流程图画面

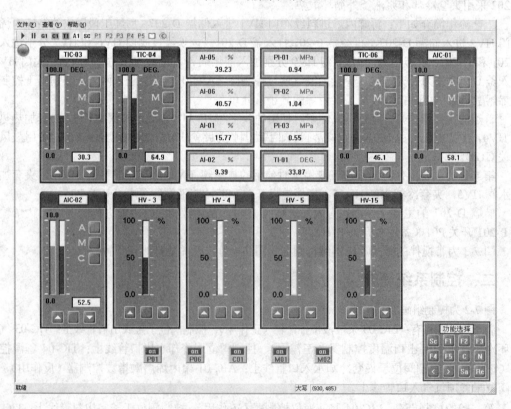

图 7-2 控制组画面

AIC-02 聚丙烯熔融指数控制器（反作用），控制阀位于釜顶氢气入口管线上。

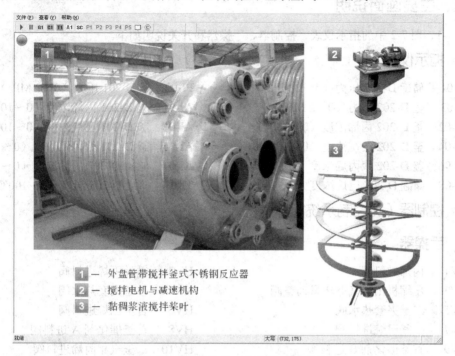

图 7-3　带搅拌的釜式反应器结构画面

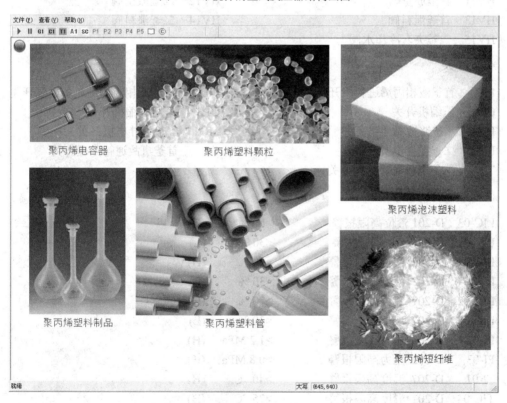

图 7-4　聚丙烯塑料部分产品

储罐 D-207 的控制点有 LIC-02 液位控制器（正作用），控制阀位于泵 P-201 出口管线上。

三、主要画面说明

图 7-1、图 7-2 中的指示仪表、控制器、手操器和开关说明如下。

1. 指示仪表

PI-01	储罐 D-207 压力（0～2 MPa）	PI-02	釜 D-201 压力（0～2 MPa）
PI-03	釜 D-202 压力（0～2 MPa）	AI-01	釜 D-201 丙烯浓度（0～100%）
AI-02	釜 D-202 丙烯浓度（0～100%）	AI-03	釜 D-201 己烷浓度（0～100%）
AI-04	釜 D-202 己烷浓度（0～100%）	AI-05	釜 D-201 聚丙烯浓度（0～100%）
AI-06	釜 D-202 聚丙烯浓度（0～100%）	AI-07	储罐 D-207 丙烯浓度（0～100%）
AI-08	储罐 D-207 己烷浓度（0～100%）	TI-01	储罐 D-207 温度（0～100℃）

2. 控制器（见控制系统简介）

3. 手操器

HV1	丙烯进料阀	HV2	循环丙烯进料阀
HV3	压缩机出口气循环量调整阀	HV4	首釜夹套热水阀
HV5	二釜夹套热水阀	HV6	首釜己烷进料阀
HV7	二釜己烷进料阀	HV8	首釜催化剂 A 进料阀
HV9	首釜催化剂 B 进料阀	HV10	二釜汽相丙烯进料阀
HV11	首釜放空阀	HV12	二釜放空阀
HV13	首釜泄料阀	HV14	二釜泄料阀
HV15	二釜夹套冷却水阀		

4. 开关

P01	首釜液相丙烯进料泵开关	PIB	首釜液相丙烯进料备用泵开关
C01	压缩机开关	C1B	备用压缩机开关
P06	二釜浆液循环泵开关	MO1	首釜搅拌电机开关
MO2	二釜搅拌电机开关	T-1	首釜事故通管处理开关
T-2	二釜事故通管处理开关		

5. 报警限说明

LIC-03	D-201 液位高限报警	>80 %	(H)
LIC-03	D-201 液位低限报警	<30 %	(L)
LIC-04	D-202 液位高限报警	>90 %	(H)
LIC-04	D-202 液位低限报警	<30 %	(L)
LIC-02	D-207 液位高限报警	>70 %	(H)
LIC-02	D-207 液位低限报警	<30 %	(L)
PI-02	D-201 压力高限报警	>1.2 MPa	(H)
PI-03	D-202 压力高限报警	>0.8 MPa	(H)
TI-01	D-207 温度高限报警	>40 ℃	(H)
TIC-04	D-201 温度高限报警	>75 ℃	(H)
TIC-04	D-201 温度低限报警	<65 ℃	(L)
TIC-06	D-202 温度高限报警	>65 ℃	(H)

TIC-06	D-202 温度高限报警	<55 ℃	(L)
AI-05	D-201 聚丙烯浓度高限报警	>50 %	(H)
AI-06	D-202 聚丙烯浓度高限报警	>50 %	(H)

四、工艺操作说明

为了方便操作，本仿真软件假定所有的加料阀门都具有控制阀的精度，因此阀门的开度反映了相对流量。各物流的流量数值不在流程图上显示。

1. 冷态开车参考步骤

① 检查所有阀门处于关闭状态，各泵、搅拌和压缩机处于停机状态。

② 开己烷进口阀 HV6，开度 50%，向第一釜 D-201 充己烷。当液位达 50%时，将控制器 LIC-03 投自动。

③ 开己烷进口阀 HV7，开度 50%，向第二釜 D-202 充己烷。当液位达 50%时，将控制器 LIC-04 投自动。

④ 开丙烯进料阀 HV1，向储罐 D-207 充丙烯。当液位达 50%时，开泵 P-201，将控制器 LIC-02 投自动。

⑤ 开鼓风机 C-201A，即开 C01。全开手操阀门 HV3，使丙烯气走旁路而暂不进入反应釜。手动打开 TIC-03 输出约 30%，使冷却器 E-201 预先工作。

⑥ 开釜 D-201 搅拌 M01。开催化剂阀 HV8 和 HV9，开度各 50%。调整夹套热水阀 HV4，使釜温上升至 45～55℃诱发反应。关热水阀后，只要釜温继续上升，说明第一釜的反应已被诱发。此时反应放热逐渐加强，必须通过夹套冷却水系统，即手动开 TIC-04 输出向夹套送冷却水。逐渐关旁路阀 HV3 加大气体循环冷却流量，控制釜温，防止超温、超压及"暴聚"事故。将温度控制器 TIC-04 设定为(70±1)℃，投自动。

如果加热诱发反应过度，开大冷却量仍无法控制温度，应超前于温度不大于 90℃时暂停搅拌，或适当减小催化剂量等方法及早处理。一旦釜温大于等于 100℃，软件认为"暴聚"事故，只能重新开车。

如果加热诱发反应不足，只要一关热水阀 HV4，釜温 TIC-04 就下降，应继续开 HV4 强制升温。若强制升温还不能奏效，应检查是否在升温的同时错开了气体循环冷却系统或 TIC-04 有手动输出冷却水流量。必须全关所有冷却系统，甚至开大催化剂流量，直到反应诱发成功。

⑦ 开釜 D-202 搅拌 M02。开汽相丙烯补料阀 HV10，开度为 50%。在釜 D-201 反应的同时必须随时关注第二釜的釜温。因为第一釜的反应热会通过物料带到第二釜。有可能在第二釜即使没有用热水加热诱发反应，也能使反应发生。正常情况需调整夹套热水阀 V5，使釜温上升至 40～50℃左右诱发反应。如前所述，由于首釜的浆液进入第二釜带来热量会导致釜温上升，因此要防止过量加热。关热水阀后只要釜温继续上升，说明第二釜的反应已被诱发。同时反应放热逐渐加强，必须通过夹套冷却水系统，即开夹套冷却水阀 HV15 和浆液循环冷却系统，即开泵 P-206 电机开关 P06，手动开 TIC-06 输出控制釜温，防止超温、超压及"暴聚"事故。将温度控制器 TIC-06 设定在(60±1)℃，投自动。

与第一釜相同，如果加热诱发反应过度，开大冷却量仍无法控制温度，应超前于温度不大于 90℃时暂停搅拌，或适当减小催化剂流量等方法及早处理。一旦釜温大于等于 100℃，软件认定为"暴聚"事故。只能重新开车。

如果加热诱发反应不足，只要关热水阀 HV5，釜温 TIC-06 就下降，应继续开 HV5 强制升温。若强制升温还不能奏效，应检查是否在升温的同时错开了浆液循环冷却系统或 HV15 有手动输出冷却水流量。必须全关所有冷却系统，甚至开大催化剂流量，直到反应诱发成功。

⑧ 等两釜温度控制稳定后，手动调整 AIC-01 向首釜加入氢气，使熔融指数达 6.5 左右，投自动。

⑨ 在调整 AIC-01 的同时，手动调整 AIC-02 向第二釜加入氢气，使熔融指数达 6.5 左右，投自动。

⑩ 开循环液相丙烯阀 HV2（25%），适当关小阀 HV1（25%），应使丙烯进料总量保持不变。

⑪ 微调各手动阀门及控制器，使本反应系统达到如下正常设计工况。

PI-01	储罐 D-207 压力	0.95 MPa
PI-02	釜 D-201 压力	1.0 MPa
PI-03	釜 D-202 压力	0.5 MPa
AI-01	釜 D-201 丙烯浓度	15 %
AI-02	釜 D-202 丙烯浓度	10 %
AI-03	釜 D-201 己烷浓度	45 %
AI-04	釜 D-202 己烷浓度	50 %
AI-05	釜 D-201 聚丙烯浓度	40 %
AI-06	釜 D-202 聚丙烯浓度	40 %
AI-07	储罐 D-207 丙烯浓度	70 %
AI-08	储罐 D-207 己烷浓度	30 %
AIC-01	釜 D-201 熔融指数	6.5
AIC-02	釜 D-202 熔融指数	6.5
TI-01	储罐 D-207 温度	35℃
TIC-03	冷却器 E-201 出口温度	45℃
TIC-04	釜 D-201 温度	70℃
TIC-06	釜 D-202 温度	60℃
LIC-02	储罐 D-207 液位	50 %
LIC-03	釜 D-201 液位	50 %
LIC-04	釜 D-202 液位	50 %

2. 停车参考步骤

① 关 D-202 汽相丙烯加料阀 HV10。
② 关 A、B 催化剂阀 HV8、HV9。
③ 关丙烯进料阀 HV1。
④ 关循环液相丙烯阀 HV2。
⑤ 关 D-201 加己烷阀 HV6。
⑥ 关 D-202 加己烷阀 HV7。
⑦ 开 D-201 放空阀 HV11。
⑧ 开 D-202 放空阀 HV12。
⑨ 开 D-201 泄液阀 HV13。
⑩ 开 D-202 泄液阀 HV14。
⑪ 将控制器 TIC-04 置手动全开。
⑫ 将控制器 TIC-06 置手动全开。
⑬ 将控制器 TIC-03 置手动全开。
⑭ 将控制器 LIC-02 置手动全开。
⑮ 将控制器 LIC-03 置手动全开。
⑯ 将控制器 LIC-04 置手动全关。

⑰ 将控制器 AIC-01 置手动全关。

⑱ 将控制器 AIC-02 置手动全关。

⑲ 关泵 P-201。

⑳ 关泵 P-206。

㉑ 关 D-201 搅拌。

㉒ 关 D-202 搅拌。

㉓ 将 D-201、D-202 和 D-207 的液位降至零。

㉔ 关气体循环阀 HV3。

㉕ 关压缩机 C-201。

五、事故设置及排除

1. 催化剂浓度降低（F2）

事故现象　开始时 D-201 釜温有所下降，由于温度控制 TIC-04 的作用，冷却量自动减少，温度回升，最终使聚丙烯浓度有所下降，导致第二釜也有相同现象。

处理方法　适当开大 A、B 催化剂量。

合格标准　使两釜聚丙烯浓度合格。

2. 催化剂进料增加（F3）

事故现象　开始时 D-201 釜温有所上升，由于温度控制 TIC-04 的作用，冷却量自动加大，温度回落，最终使聚丙烯浓度有所上升，导致第二釜也有相同现象。

处理方法　适当关小 A、B 催化剂量。

合格标准　使两釜聚丙烯浓度合格。

3. D-201 出料阀堵塞（F4）

事故现象　D-201 中液位上升，LIC-03 的输出自动开大，但无法阻止液位继续升高。

处理方法　开 T-1 开关。

合格标准　LIC-03 自动回落，表示已经通堵。

4. D-202 出料阀堵塞（F5）

事故现象　D-202 中液位上升，LIC-04 的输出自动开大，但无法阻止液位继续升高。

处理方法　开 T-2 开关。

合格标准　LIC-04 自动回落，表示已经通堵。

5. 泵 P-201 停止运转（F6）

事故现象　D-207 中液位上升。由于丙烯原料被切断，第一釜丙烯和聚丙烯浓度同时下降。

处理方法　开备用泵 P1B 开关，表示备用泵运转。

合格标准　使两釜工况恢复正常。

六、开车评分信息

本软件设有 3 种开车评分信息画面。

1. 简要评分牌

能随时按功能选择键盘的"Sc"键调出。本评分牌显示当前的开车步骤成绩、开车安全成绩、正常工况质量（设计值）和开车总平均成绩。为了有充分的时间了解成绩评定结果，仿真程序处于冻结状态。按键盘的"空格"键返回。

2. 开车评分记录

开车评分画面能随时调出。本画面记录了开车步骤的分项得分、工况评分的细节、总报警次数及报警扣分信息。详见图7-5。

图 7-5　开车评分记录画面

3. 趋势画面

本软件的趋势画面记录了重要变量的历史曲线，可以与评分记录画面配合，对开车全过程进行评价。

七、开车评分标准

1. 开车步骤评分要点

① 所有阀门关闭 　　　　　　　　　　　　　　　　　　9分
② 两釜加己烷，即开 HV6 和 HV7 　　　　　　　　　　9分
③ 两釜液位均大于 40% 　　　　　　　　　　　　　　10分
④ 开丙烯进料阀 HV1，D-207 液位大于 40% 　　　　　10分
⑤ 开两釜搅拌 M01 和 M02 　　　　　　　　　　　　10分
⑥ 开泵 P-201 　　　　　　　　　　　　　　　　　　10分
⑦ 开 LIC-02 控制阀 　　　　　　　　　　　　　　　10分
⑧ 首釜加催化剂，开 HV8 和 HV9 　　　　　　　　　10分
⑨ 开压缩机开关 C01，开泵开关 P06，开 TIC-03 控制阀 　10分
⑩ 两釜进氢气，开 AIC-01 控制阀，开 AIC-02 控制阀，
　　开丙烯阀 HV10 　　　　　　　　　　　　　　　10分

　　　　　　　　　　　　　　　　　　　　　　　总计：98分

2. 正常工况质量评分要点

① 0.70MPa＜PI-01＜0.97MPa		3分
② 25℃ ＜TI-01＜37℃		4分
③ 45%＜LIC-02＜65%		4分
④ 45%＜LIC-03＜65%		4分
⑤ 45%＜LIC-04＜65%		4分
⑥ 69℃＜TIC-04＜71℃		4分
⑦ 59℃＜TIC-06＜61℃		4分
⑧ 44℃ ＜TIC-03＜46℃		4分
⑨ 6.4＜AIC-01＜6.6		10分
⑩ 6.4＜AIC-02＜6.6		10分
⑪ 39%＜AI-05＜41%		10分
⑫ 39%＜AI-06＜41%		10分
⑬ 43%＜AI-03＜47%		10分
⑭ 48%＜AI-04＜52%		10分
⑮ 1.0MPa＜PI-02＜1.1MPa		4分
⑯ 0.45MPa＜PI-03＜0.7MPa		3分

总计：98分

思 考 题

1. 简述双釜串联丙烯聚合反应部分的工艺流程。
2. 试述丙烯溶剂淤浆聚合工艺的原理和特点。
3. 丙烯聚合常用何种溶剂？在丙烯聚合中起何作用？
4. 催化剂在丙烯聚合反应中起什么作用？丙烯聚合采用何种催化剂？
5. 丙烯聚合反应进行得快慢和哪些因素有关？
6. 聚丙烯熔融指数与分子量有什么关系？如何控制？
7. 本丙烯聚合过程有哪些操作点及控制回路？各起什么作用？
8. 开车达正常工况时两釜的温度、压力及组成应当保持在何值？
9. 本丙烯聚合过程为什么首釜比第二釜反应剧烈？
10. 首釜采用气相循环冷却的作用原理是什么？和夹套水冷有何不同？如何调整冷却量？
11. 第二釜为什么用釜内浆液外循环冷却？
12. 丙烯聚合反应的关键问题是什么？如何解决？
13. 冷态开车时如何控制夹套热水加热？为什么加热不能过量？
14. 反应过程中如果停止搅拌会出现什么情况？
15. 丙烯聚合过程常见故障有哪些？如何排除？
16. 丙烯聚合为什么常用多釜串联工艺？
17. 试述釜式聚合反应器的结构。列举几种搅拌方式。
18. 聚合反应为什么常用低转化率工艺？未反应的丙烯如何处理?反应后溶剂如何处理？
19. 何为聚合反应的暴聚？如何避免？
20. 影响本聚合反应产品质量的主要因素有哪些？如何控制？
21. 简述连续反应和间歇反应的区别。
22. 为了提高控制水平，本丙烯聚合过程可以采用哪些先进控制方案？

第八章
精 馏 系 统

一、工艺流程简介

脱丁烷塔是大型乙烯装置中的一部分。本塔将来自脱丙烷塔釜的烃类混合物（主要有 C_4、C_5、C_6、C_7 等），根据其相对挥发度的不同，在精馏塔内分离为塔顶 C_4 馏分，含少量 C_5 馏分，塔釜主要为裂解汽油，即 C_5 以上组分的其他馏分。因此本塔相当于二元精馏。

工艺流程为：来自脱丙烷塔的釜液，压力为 0.78MPa，温度为 65℃（由 TI-1 指示），经进料手操阀 V1 和进料流量控制 FIC-1，从脱丁烷塔（DA-405）的第 21 块塔板进入（全塔共有 40 块板）。在本塔提馏段第 32 块塔板处设有灵敏板温度检测及塔温控制器 TIC-3（主控制器）与塔釜加热蒸汽流量控制器 FIC-3（副控制器）构成的串级控制。

塔釜液位由 LIC-1 控制。塔釜液一部分经 LIC-1 控制阀作为产品采出，采出流量由 FI-4 指示，一部分经再沸器（EA-405A/B）的管程汽化为蒸气返回塔底，使轻组分上升。再沸器采用低压蒸汽加热，釜温由 TI-4 指示。设置两台再沸器的目的是釜液可能含烯烃，容易聚合堵管，万一发生此种情况，便于切换。再沸器 A 的加热蒸汽来自 FIC-3 所控制的 0.35MPa 低压蒸汽，通过入口阀 V3 进入壳程，凝液由阀 V4 排放。再沸器 B 的加热蒸汽亦来自 FIC-3 所控制的 0.35MPa 低压蒸汽，入口阀为 V8，排凝阀为 V9。塔釜设排放手操阀 V24，当塔釜液位超高但不合格不允许采出时排放用（排放液回收）。塔顶和塔底分别设有取压阀 V6 和 V7，引压至差压指示仪 PDI-3，及时反映本塔的阻力降。此外，塔顶设压力控制器 PRC-2，塔底设压力指示仪 PI-4，也能反映塔压降。

塔顶的上升蒸汽出口温度由 TI-2 指示，经塔顶冷凝器（EA-406）全部冷凝成液体，冷凝液靠位差流入立式回流罐（FA-405）。冷凝器以冷却水为冷剂，冷却水流量由 FI-6 指示，受控于 PRC-2 的控制阀，进入 EA-406 的壳程，经阀 V23 排出。回流罐液位由 LIC-2 控制。其中一部分液体经阀 V13 进入主回流泵 GA405A，电机开关为 G5A。泵出口阀为 V12。回流泵输出的物料通过流量控制器 FIC-2 的控制进入塔顶。备用回流泵的入口阀为 V15，出口阀为 V14，泵电机开关是 G5B。另一部分作为产品经入口阀 V16，用主泵 GA-406A 送下道工序处理。主泵电机开关为 G6A，出口阀为 V17。顶采备用泵 GA-406B 的入口阀为 V18，电机开关为 G6B，泵出口阀为 V19。顶采泵输出的物料由回流罐液位控制器 LIC-2 控制，以维持回流罐的液位。回流罐底设排放手操阀 V25，用于当液位超高但不合格不允许采出时排放用（排放液回收）。

手操阀 HVC4 是 C_4 充压阀。系统开车时塔压低，会导致进料的前段时间内入口部分因进料大量闪蒸而过冷，局部过冷会损坏塔设备。进料前用 C_4 充压可防止闪蒸。

二、流程图说明

1. 流程图画面

详见图 8-1。

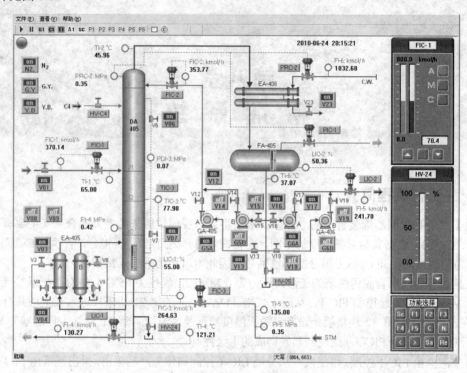

图 8-1 流程图画面

2. 流程图中各设备说明

DA-405	脱丁烷塔	GA-405A/B	回流泵
FA-405	回流罐	EA-405A/B	再沸器
EA-406	冷凝器	GA-406A/B	塔顶产品采出泵

3. 手操器

V24	塔釜泄液阀	V25	回流罐泄液阀
HV-C4	C_4 充压阀		

4. 开关及快开阀门

V01	进料前阀	V03	EA-405A 入口阀
V04	EA-405A 出口阀	V06、V07	压差阀
V08	EA-405B 入口阀	V09	EA-405B 出口阀
V12	GA-405A 出口阀	V13	GA-405A 入口阀
V14	GA-405B 出口阀	V15	GA-405B 入口阀
V16	GA-406A 入口阀	V17	GA-406A 出口阀
V18	GA-406B 入口阀	V19	GA-406B 出口阀
V23	冷却水出口阀	N2	氮气置换

GY　公用工程具备　　　　YB　仪表投用

5. 控制阀

V2　　进料控制阀　　　　　　V5　　塔釜采出控制阀
V11　再沸器蒸汽控制阀　　　V10　回流量控制阀
V20　放火炬控制阀　　　　　V21　塔顶采出控制阀
V22　冷却水控制阀

三、自控系统简介

1. 质量控制

本精馏过程的质量控制采用以提馏段灵敏温度作为主参数，以再沸器加热蒸汽的流量作为控制参数，这样就构成了一个由灵敏板温度和再沸器加热蒸汽流量组成的串级控制系统，以实现对塔的间接分离质量控制。

2. 压力控制

在正常的压力情况下，由塔顶冷凝器的冷却水量来控制压力（PRC-2）。高于操作压力 0.40 MPa（表压）时，改用放空方法控制（PIC-01）。此种控制称为超驰控制（或取代控制）。

3. 液位控制

塔釜液位由控制塔釜的产品采出量来维持恒定。具有高低液位报警。回流罐液位由控制塔顶产品送出量来维持恒定，设有高低液位报警。LIC-1 和 LIC-2 构成本塔物料平衡控制。

4. 流量控制

进料量和回流量都采用单回路的流量控制。再沸器加热介质流量，由灵敏板温度控制和蒸汽流量控制构成串级控制系统。

5. 报警说明

LIC-1	塔釜液位	>80%	(H)
LIC-1	塔釜液位	<30%	(L)
LIC-2	回流罐液位	>80%	(H)
LIC-2	回流罐液位	<30%	(L)
PRC-2	塔顶压力	>0.4MPa	(H)
TIC-3	灵敏板温度	<5.0℃	(L)
TIC-3	灵敏板温度	>79℃	(H)
PDI-3	塔压差	>0.1MPa	(H)

控制组画面详见图 8-2。精馏塔现场画面和安装画面见图 8-3。

四、指示与控制仪表说明

位号	名称和量程	正常值
TI-1	进料温度(0～100℃)	65℃
TI-6	回流温度(0～100℃)	38℃
TI-4	塔釜温度(0～200℃)	121℃

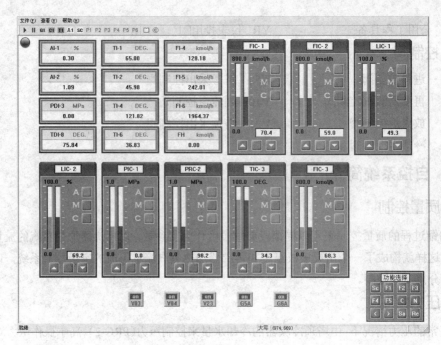

图 8-2 控制组画面

图 8-3 精馏塔现场画面和安装画面

TI-2	塔顶温度(0~100℃)	46℃
TI-7	冷却水入口温度(0~100℃)	30℃
FH	放火炬流量(0~1000 kmol/h)	0.0 kmol/h
PI-4	塔釜压力(0~1MPa)	0.42 MPa
FI-4	塔釜采出流量(0~400 kmol/h)	130 kmol/h
FI-5	塔顶采出流量(0~600 kmol/h)	240 kmol/h

FI-6	冷却水流量(0～400 kmol/h)	1850 kmol/h
FIC-1	进料量控制器(0～800 kmol/h)	370 kmol/h
FIC-2	回流量控制器(0～800 kmol/h)	350 kmol/h
LIC-1	塔釜液位控制器(0～100%)	55 %
LIC-2	回流罐液位控制器(0～100%)	55 %
PIC-1	塔压控制器(高压控制)(0～1MPa)	0.40 MPa
PRC-2	塔压控制器(正常控制)(0～1MPa)	0.35 MPa
TIC-3	灵敏板温度控制器(0～100℃)	78 ℃
FIC-3	再沸器蒸汽流量控制器(0～800 kmol/h)	264 kmol/h
PI-5	蒸汽压力(0～1MPa)	0.35 MPa
TI-5	蒸汽温度(0～200℃)	135 ℃
AI-1	塔顶 C_5 含量(0～1.0%)	<0.5 %
AI-2	塔釜 C_4 含量(0～10.0%)	<1.5 %
TDI-8	塔温差	>5℃
PDI-3	塔压差	0.07MPa

指示仪表画面见图 8-2。

五、操作说明

为了提高仿真训练的效率,仿真软件的时间常数设计得比真实系统小,因此运行节奏比真实系统快得多。大型工业化精馏塔开车时温度,特别是组分的变化,通常较慢,如果按真实系统设计时间常数,仿真训练时间将拉得很长。

本精馏塔的全部操作和控制都可在流程图画面 G1 中进行。

1. 单塔冷态开车

单塔冷态开车和多塔串联冷态开车在方法上的主要区别是,单塔开车时允许在进料达到一定的塔釜液位时暂停进料,以便有充分的时间调整塔的运行状态。而多塔串联冷态开车时,各塔的进料往往是前塔的塔釜或塔顶的出料,因此进料量仅允许适当减小,但不能停止,否则会干扰相关的塔,导致停车。

精馏塔开车前应当完成如下主要准备工作:管线及设备试压;拆除盲板;管线及设备氮气吹扫和氮气置换;检测及控制仪表检验与校零;公用工程投用;系统排放和脱水等。本软件简化为以下①至④步操作。

① 开车前的准备工作:将各阀门关闭,各控制器置手动,且输出为零。

② 开"N2"开关,表示氮气置换合格。

③ 开"G.Y."开关,表示公用工程具备。

④ 开"Y.B."开关,表示仪表投用。

⑤ 开 C_4 充压阀 HV-C4,待塔压 PRC-2 达 0.31MPa 以上,关 HV-C4,防止进料闪蒸,使塔设备局部过冷(此步不完成,后续评分为零)。

⑥ 开冷凝器 EA-406 的冷却水出口阀 V23。

⑦ 开差压阀 V6 和 V7。

⑧ 开进料前阀 V1。手动操作 FIC-1 的输出约 20%(进料量应大于 100kmol/h),进料经过一段时间在提馏段各塔板流动和建立持液量后,塔釜液位 LIC-1 上升。由于进料压力达 0.78 MPa,温度为 65℃,所以进塔后部分闪蒸使塔压上升。

⑨ 通过手动 PRC-2 输出(即冷却水进水量),控制塔顶压力在 0.35MPa 左右,投自动。

⑩ 当塔釜液位上升达 60%左右，暂停进料。开再沸器 EA-405A 的加热蒸汽入口阀 V3 和出口阀 V4。

⑪ 手动开加热蒸汽量 FIC-3 的输出约 20%，使塔釜物料温度上升直到沸腾。塔釜温度低于约 108℃的阶段为潜热段，此时塔顶温度上升较慢，回流罐液位也无明显上升。

⑫ 注意当塔釜温度高于 108℃后，塔顶温度及回流罐液位明显上升，说明塔釜物料开始沸腾。为了防止回流罐抽空，当回流罐液位上升至 10%左右，开 GA405A 泵的入口阀 V13，按 G5A 启动泵 GA405A，然后开泵出口阀 V12。手动 FIC-2 的输出大于 50%，进行全回流。回流量应大于 300 kmol/h。

⑬ 调整塔温进行分离质量控制。此时塔灵敏板温度 TIC-3 大约为 69～72℃。缓慢调整塔釜加热量 FIC-3，以每分钟 0.5℃提升 TIC-3 直到 78℃（实际需数小时）。缓慢提升温度的目的是使物料在各塔板上充分进行汽液平衡，将轻组分向塔顶升华，将重组分向塔釜沉降。当 TIC-3 的给定值升至 78℃时，将灵敏板温度控制 TIC-3 投自动（主调节器），将 FIC-3 投自动（副控制器），然后两控制器投串级。同时观察塔顶 C_5 含量 AI-1 和塔底 C_4 含量 AI-2，应当趋于合格。同时注意确保塔釜液位 LIC-1 和回流罐液位 LIC-2 不超限(当塔顶 AI-01 不合格且 LIC-2 大于 80%，应及时开阀门 V25 排放。同理，当塔釜 AI-02 不合格且 LIC-1 大于 80%，应及时开阀门 V24 排放)。

⑭ 此刻塔顶及塔釜液位通常尚未达到 50%，重开进料前阀 V1，手动操作 FIC-1 的输出。可逐渐提升进料量，由于塔压及塔温都处于自动控制状态，塔釜加热量和塔顶冷却量会随进料增加而自动跟踪提升。最终进料流量达到 370 kmol/h 时将 FIC-1 投自动。

⑮ 手动调整 FIC-2 的输出，将回流量提升至 350 kmol/h 左右，投自动。

⑯ 塔顶采出：提升进料量的同时，应监视回流罐液位。当塔顶 AI-1 C_5 含量低于 0.5%且 LIC-2 达到 50%左右时，先开 V16 阀，开泵 G6A（GA406A），再开泵出口阀 V17。手动调节 LIC-2 的输出，当液位调至 50%时投自动。

⑰ 塔底采出：提升进料量的同时，应监视塔釜液位。当塔底 AI-2 C_4 含量低于 1.5%且 LIC-2 达到 50%左右时，手动控制 LIC-1 的输出，当液位调至 50%时投自动。

⑱ 将塔顶压力控制器 PRC-2 和 PIC-1 投超驰（用投串级代替）。

⑲ 微调各控制器给定值，使精馏塔达到设计工况：

FIC-1	370	kmol/h
FIC-2	350	kmol/h
LIC-1	50	%
LIC-2	50	%
TIC-3	78	℃
PRC-2	0.35	MPa
AI-1（C_5）	<0.5 %	
AI-2（C_4）	<1.5 %	

2. 多塔串联冷态开车

精馏塔开车前应当完成如下主要准备工作：管线及设备试压；拆除盲板；管线及设备氮气吹扫和氮气置换；检测及控制仪表检验与校零；公用工程投用；系统排放和脱水等。本软件简化为以下①至④步操作。

① 开车前的准备工作：将各阀门关闭，各控制器置手动，且输出为零。

② 开 "N2" 开关，表示氮气置换合格。

③ 开 "G.Y." 开关，表示公用工程具备。

④ 开 "Y.B." 开关，表示仪表投用。

⑤ 开 C₄ 充压阀 HV-C4，待塔压 PRC-2 达 0.31MPa 以上，关 HV-C4，防止进料闪蒸使塔设备局部过冷（此步不完成，后续评分为零）。

⑥ 开冷凝器 EA-406 的冷却水出口阀 V23。

⑦ 开差压阀 V6 和 V7。

⑧ 开进料前阀 V1。手动操作 FIC-1 的输出约 20%（进料量应大于 100kmol/h），进料经过一段时间在提馏段各塔板流动和建立持液量以后，塔釜液位 LIC-1 上升。由于进料压力达 0.76 MPa，温度为 65℃，所以进塔后部分闪蒸使塔压上升。

⑨ 通过手动 PRC-2 输出（即冷却水量），控制塔顶压力在 0.35MPa 左右，投自动。

⑩ 当塔釜液位上升达 15% 左右，开再沸器 EA-405A 的加热蒸汽入口阀 V3 和出口阀 V4。

⑪ 手动开加热蒸汽量 FIC-3 的输出约 20%，使塔釜物料温度上升直到沸腾。塔釜温度低于约 108℃ 的阶段为潜热段，此时塔顶温度上升较慢，回流罐液位也无明显上升。

⑫ 注意当塔釜温度高于 108℃ 后，塔顶温度及回流罐液位明显上升，说明塔釜物料开始沸腾。为了防止回流罐抽空，当回流罐液位上升至 10% 左右，开 GA405A 泵的入口阀 V13，按 G5A 启动泵 GA405A，然后开泵出口阀 V12。手动 FIC-2 的输出大于 50%，进行全回流。回流量应大于 300 kmol/h。

⑬ 调整塔温进行分离质量控制。此时塔灵敏板温度 TIC-3 大约为 69～72℃。缓慢调整塔釜加热量 FIC-3，以每分钟 0.5℃ 提升 TIC-3 直到 78℃（实际需数小时）。缓慢提升温度的目的是使物料在各塔板上充分进行汽液平衡，将轻组分向塔顶升华，将重组分向塔釜沉降。当 TIC-3 的给定值升至 78℃ 时，将灵敏板温度控制 TIC-3 投自动（主调节器），将 FIC-3 投自动（副控制器），然后两控制器投串级。同时观察塔顶 C₅ 含量 AI-1 和塔底 C₄ 含量 AI-2，应当趋于合格。同时注意确保塔釜液位 LIC-1 和回流罐液位 LIC-2 不超限(当塔顶 AI-1 不合格且 LIC-2 大于 80%，应及时开阀门 V25 排放。同理，当塔釜 AI-2 不合格且 LIC-1 大于 80%，应及时开阀门 V24 排放)。

⑭ 手动调整 FIC-2 的输出，将回流量提升至 350 kmol/h 左右，投自动。

⑮ 塔顶采出：提升进料量的同时，应监视回流罐液位。当塔顶 AI-1 C₅ 含量低于 0.5% 且 LIC-2 达到 50% 左右时，先开 V16 阀，开泵 G6A（GA406A），再开出口阀 V17。手动调节 LIC-2 的输出，当液位调至 50% 时投自动。

⑯ 塔底采出：提升进料量的同时，应监视塔釜液位。当塔底 AI-2 C₄ 含量低于 1.5% 且 LIC-2 达到 50% 左右时，手动控制 LIC-1 的输出，当液位调至 50% 时投自动。

⑰ 逐渐提升进料量，由于塔压及塔温都处于自动控制状态，塔釜加热量和塔顶冷却量会随进料增加而自动跟踪提升。最终进料流量达到 370 kmol/h 时将 FIC-1 投自动。

⑱ 将塔顶压力控制器 PRC-2 和 PIC-1 投超驰（用投串级代替）。

⑲ 微调各控制器给定值，使精馏塔达到设计工况：

FIC-1	370	kmol/h
FIC-2	350	kmol/h
LIC-1	50	%
LIC-2	50	%
TIC-3	78	℃
PRC-2	0.35	MPa
AI-1（C₅）	<0.5	%
AI-2（C₄）	<1.5	%

冷态开车完毕。

3. 正常停车

停车前状态及准备同正常工况。

① 将塔压控制在 0.35MPa，并保持自动。

② 手动 FIC-1，关进料前阀 V1。

③ 将 TIC-3 与 FIC-3 串级解列。手动减小 FIC-3 的输出 (约关至 25%)，同时加大塔顶和塔釜采出。

④ 当釜液降至 5%，停止塔采出。

⑤ 当回流罐液位降至 20%时，停回流，停再沸器加热，停塔顶采出。

⑥ 关 GA-405A 出口阀，停 GA-405A，关入口阀；关 GA-406A 出口阀，停 GA-406，关入口阀。

⑦ 将回流罐液体从底部，将釜液泄出。

⑧ 手动开大 PIC-1 输出泄压，手动关 PRC-2。

⑨ 关再沸器入、出口阀，关冷却水出口阀，关压差阀。

⑩ 待压力泄压至 0.0，停车完毕。

4. 紧急停车

停前状态及准备同正常工况。

① 关 FIC-1，关进料前阀。

② 立即手动开大 FIC-2，使回流量增至 415 kmol/h 左右。

③ 立即手动减小 FIC-3，使蒸汽流量减至约 222 kmol/h。

④ 如果两个液位不超上限，立即关闭塔顶、塔釜采出。

⑤ 用蒸汽量(FIC-3)和回流量(FIC-2)维持全回流操作，并维持两个液位不超限。

⑥ 停车完毕。

六、事故设置及排除

1. 停冷却水（F2）

事故现象　冷却水流量为 0.0 kmol/h (FI-6)，塔压升高，塔顶温度上升。

处理方法　放火炬保压，停进料，关加热蒸汽量，关塔顶采出，釜液排出。在此基础上进行完全停车操作。

合格标准　尽快关进料，并在一定时间内完成停车操作。

2. 停加热蒸汽（F3）

事故现象　水蒸汽断，即加热蒸汽流量为 0.0 kmol/h (FIC-3 的输入)，塔釜温度降低(TI-4)，灵敏板温度降低(TIC-3)，塔釜产品不合格，塔顶产品不合格，压差、温差减小。

处理方法　关进料，停塔顶采出，压力高时放火炬，釜液排出。在此基础上进行完全停车。

合格标准　尽快关进料，并在一定的时间内完成停车操作。

3. 无进料（F4）

事故现象　进料量为 0.0 kmol/h (FIC-2 的输入)。

处理方法　紧急停车。

合格标准　紧急停车过程操作正确。

4. 停电（停动力电）（F5）

事故现象　由于 GA-405A/B、GA-406A/B 停转。回流量为 0.0 (FIC-2)，塔顶采出量为 0.0 (FI-5)。

处理方法　关进料阀，停塔顶采出，排放火炬维持塔压及回流罐液位。在以上基础上进行停车操作。

合格标准 尽快停进料、停车。

5. 无回流量（F6）

事故现象 回流量逐步降为 0.0 (FIC-2)，回流泵坏。

处理方法 开备用泵 GA-405B 及相关阀门，关泵 GA-405A 及相关阀门。

合格标准 尽快按规程开启备用泵 GA-405B。操作顺序正确，系统恢复正常。

七、开车评分信息

本软件设有 3 种开车评分信息画面。

1. 简要评分牌

能随时按功能选择键盘的 "Sc" 键调出。本评分牌显示当前的开车步骤成绩、开车安全成绩、正常工况质量（设计值）和开车总平均成绩。为了有充分的时间了解成绩评定结果，仿真程序处于冻结状态。按键盘的 "空格" 键返回。

2. 开车评分记录

开车评分画面能随时调出。本画面记录了开车步骤的分项得分、工况评分的细节、总报警次数及报警扣分信息。详见图 8-4。

3. 趋势画面

本软件的趋势画面记录了重要变量的历史曲线，可以与评分记录画面配合，对开车全过程进行评价。

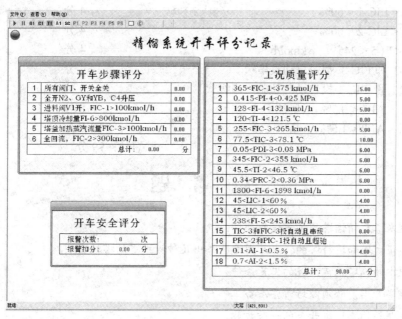

图 8-4 开车评分记录画面

八、开车评分标准

1. 开车步骤评分要点

① 各阀门及泵开关均关闭，即阀 V1、V3 和 V23，泵 G5A、
G5B、G6A 和 G6B 都关闭   9 分

② 氮气置换、公用工程具备且仪表投用，即 N2、GY 和 YB
全开，C_4 升压完成   10 分
③ 进料，即阀 V1 开，进料量 FIC-1>100 kmol/h   15 分
④ 塔顶冷却，控制塔顶压力为 0.35 MPa   20 分
⑤ 塔釜加热，加热量 FIC-3>100 kmol/h   20 分
⑥ 开回流，回流量 FIC-2>300 kmol/h   25 分

总计：99 分

2. 正常工况质量评分要点

① 365< FIC-1 < 375   kmol/h   5 分
② 0.415 < PI-4 < 0.425   MPa   5 分
③ 128 < FI-4 < 132   kmol/h   5 分
④ 120 < TI-4 < 121.5   ℃   5 分
⑤ 260 < FIC-3 < 270   kmol/h   5 分
⑥ 77.5 < TIC-3 < 78.2   ℃   10 分
⑦ 0.05 < PDI-3 < 0.08   MPa   6 分
⑧ 345 < FIC-2 < 355   kmol/h   6 分
⑨ 45.5 < TI-2 < 46.5   ℃   6 分
⑩ 0.34 < PRC-2 < 0.36   MPa   6 分
⑪ 1800 < FI-6 < 1898   kmol/h   4 分
⑫ 45% < LIC-1 < 60%   4 分
⑬ 45% < LIC-2 < 60%   4 分
⑭ 238 < FI-5 < 245   kmol/h   4 分
⑮ TIC-3 和 FIC-3 都投自动及串级   4 分
⑯ PRC-2 和 PIC-1 投自动与超驰（串级代）   4 分
⑰ 0.1% < AI-1 < 0.5% （塔顶 C_5）   8 分
⑱ 0.7% < AI-2 < 1.5% （塔底 C_4）   8 分

总计：99 分

思 考 题

1. 简述本二元精馏塔的主要设备部件。
2. 简述板式塔和填料塔的特点及用途。举出几种板式塔的塔板类型。
3. 写出本精馏塔正常工况的工艺条件。
4. 精馏塔开车前必须做好哪些准备工作？
5. 试说明精馏塔冷态开车的一般步骤。
6. 本精馏塔进料前用 C_4 将塔升压有何作用？
7. 本精馏塔开车时如何判断塔釜物料开始沸腾？随着全塔分离度提高，塔釜沸点会如何变化？
8. 回流比如何计算？什么是全回流？说明全回流在开车中的作用。
9. 为什么回流罐液位低于 10% 不得开始全回流？
10. 回流量过大会导致什么现象？

11. 什么是灵敏板？该板的温度有何特点？

12. 为什么本塔开车时灵敏板温度从 70℃左右上升至 78℃必须缓慢提升？如何提升既准确又方便？

13. 为什么本塔开车时进料负荷必须缓慢提升？进料负荷提升对全塔有何影响？如何调整？

14. 本塔塔顶采出合格标准是什么？影响塔顶采出合格标准的主要因素是什么？

15. 本塔塔釜采出合格标准是什么？影响塔釜采出合格标准的主要因素是什么？

16. 如果塔顶馏出物不合格且回流罐液位超高，应如何处理？

17. 如果塔釜馏出物不合格且塔釜液位超高，应如何处理？

18. 如果塔釜加热量超高会导致什么现象？

19. 为什么本塔可用千摩尔流量表述全塔物料动态平衡？本塔物料平衡如何控制？

20. 监测塔压差对了解全塔工况有何重要意义？

21. 什么是淹塔现象？如何形成？如何克服？

22. 什么是液泛现象？如何形成？如何克服？

23. 什么是雾沫夹带现象？如何形成？如何克服？

24. 千摩尔/小时（kmol/h)流量单位如何换算成千克/小时（kg/h)流量单位？

25. 简要说明本塔灵敏板温度控制与塔釜加热量串级控制的原理。

26. 什么是超驰（取代）控制？解释本塔压力超驰控制的原理。

27. 精馏塔塔顶、塔底液位控制的稳定性有何重要意义？应该注意什么？

28. 如何达到精馏塔运行的优化操作和节能？

第九章
吸 收 系 统

一、工艺流程简介

　　来自前一工序的生成气（富气，其中 C_4 组分包括 C_3、C_2 占 25.13%，CO 和 CO_2 占 6.26%，N_2 占 64.58%，H_2 占 3.5%，O_2 占 0.53%），从板式吸收塔 DA-302 底部经手操阀 HV1 进入，与自上而下的吸收油（贫油，C_6 油）接触，将生成气中的 C_4 组分吸收下来，未被吸收的不凝气（贫气）由塔顶排出，经手操阀 HV2 进入盐水冷却器 EA-306 的壳程和尾气分离罐 FA-304,通过手操阀 HV22 回收冷凝的 C_6 和 C_4，尾气经压力控制器 PIC-08 输出控制阀排至放空总管进入大气。PIC-08 的输出控制阀设有前阀 V4、后阀 V5 和旁路手操阀 HV3。冷却盐水经手操阀 HV26 进入 EA-306 的管程，通过手操阀 HV27 排出。

　　C_6 油通过手操阀 HV6 进入吸收油储罐 FA-311，经罐底出口阀 V7 和 V8 至泵 G2A（G2B 为备用泵），由出口阀 V9 排出，通过吸收油流量控制器 FRC-11 的输出控制阀（其前阀为 V12，后阀为 V13）打入塔顶，与自下而上的生成气接触，吸收其中的 C_4 组分成为富油，从吸收塔底排出。塔底富油经出口阀 HV14、出口富油流量控制器输出控制阀（其前阀为 V15，后阀为 V16），再经贫、富油热交换器 EA-311 的壳程，通过手操阀 HV17 进入解吸塔 DA-303。解吸塔顶生产出 C_4 产品，解吸塔底部的 C_6 油通过塔釜液位控制器 LIC-12 的输出控制阀（其前阀为 V19，后阀为 V18）进入贫、富油热交换器 EA-311 的管程，出口经手操阀 HV20 进入贫油冷却器 EA-312 的壳程，再经手操阀 HV21 返回吸收油储罐 FA-311 循环使用。冷却器 EA-312 采用冷冻盐水使贫油温度下降，有利于提高吸收效率。盐水由入口阀 HV24 进入 EA-312 管程，出口经温度控制器 TIC-12 的输出控制阀，再经手操阀 HV25 排出。随着生产过程的进行，尾气分离罐的液位将上升，吸收油因部分损耗导致储罐的液位有所下降。要定期用 HV22 排放尾气分离罐内的液体，用 HV6 补充新鲜 C_6 油入储罐。

主要工艺条件和指标

吸收塔顶压	1.2MPa 左右	吸收油温度	4～6℃
富气流量	5000 kg/h	质量指标	吸收塔顶尾气中
贫油流量	13300 kg/h		$C_4<0.5\%$，$C_6<0.6\%$

二、操作画面说明

1. 工艺流程图画面

本画面的调出软键为 G1，详见图 9-1。本画面可完成全部操作及控制任务。

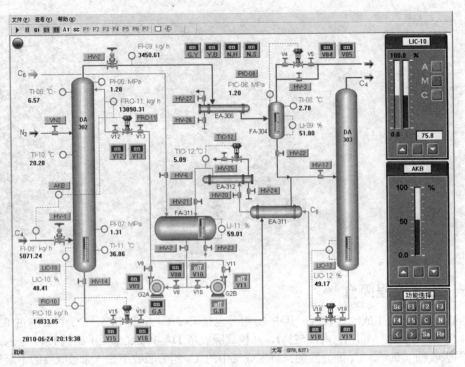

图 9-1 吸收系统工艺流程图

流程图画面 G1 中相关设备说明如下：

DA-302	吸收塔	DA-303	解吸塔
FA-311	吸收油储油罐	FA-304	尾气分离罐
EA-306	尾气冷凝器	EA-312	循环油冷却器
EA-311	贫富油热交换器	G2A/B	贫油泵
HV1	（生成气)富气进料阀	HV2	贫气出口阀
HV3	PIC-08 旁路阀	V4、V5	PIC-08 前、后阀
HV6	新鲜 C_6 油注入阀	HV7	油罐出口阀
V8、V9	泵 G2A 和入、出口阀	V10、V11	泵 G2B 的入、出口阀
V12、V13	FRC-11 前、后阀	HV14	塔釜富油出口阀
V15、V16	FIC-10 前、后阀	HV17	解吸塔入口阀
V18、V19	LIC-12 的前、后阀	HV20、HV21	循环油路阀
HV22	尾气分离罐排液阀	HV23 FA-311	泄液阀
HV24、HV25	EA-312 的盐水入、出口阀	HV26、HV27	EA-306 的盐水入、出口阀
VN2	氮气充压阀		

2. 控制组画面

本画面的调出软键为 C1，详见图 9-2。本画面可完成全部控制任务，同时集成了开车前有关准备工作的开关、分析仪表及部分手操器。

控制组画面 C1 中相关仪表说明如下。

控制器：LIC-10、FIC-10、TIC-12、LIC-12、FIC-11

手操器：HV01、HV06、AKB（比值设定器）

开关：GYG、YBT、N2H、N2S

分析器：AI-01、AI-02、AI-03

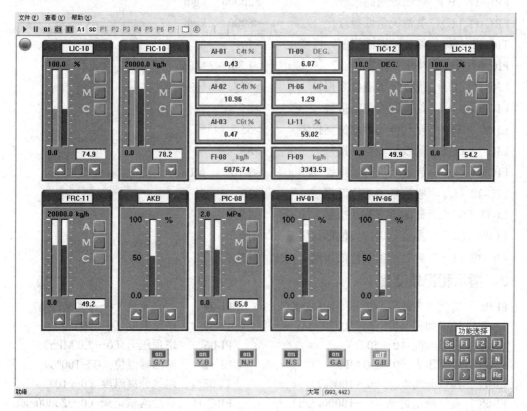

图 9-2　控制组画面

3. 指示仪画面

本画面的调出软键为 C1，详见图 9-2。本画面集成了指示仪表的棒图画面。

指示仪画面 C2 中相关仪表为：FI-08、FI-09、TI-10、TI-09、TI-11、PI-06、PI-07、LI-11、LI-09、TI-08。

三、控制系统简介

1. 控制回路

（1）贫油流量控制　采用 FRC-11 单回路控制。并且可以与富气流量通过比值器 AKB 构成一个比值控制系统，即富气流量与比值器 AKB 系数的乘积作为 FRC-11 的外给值。

（2）吸收塔液泣控制　由 LIC-10 与釜采出的流量控制器 FIC-10 构成液位流量的串级控制系统。

（3）吸收塔压力控制　通过控制尾气分离罐的压力来控制塔压，采用 PIC-08 单回路控制系统，通过控制放空气量来控制压力。

（4）循环油温度控制　由 TIC-12 单回路控制系统，通过改变 EA-312 的盐水量来控制循环油的温度。

（5）解吸塔液位控制　由 LIC-12 单回路控制釜采量来控制其液位。

2. 报警限

FRC-11（H）	贫油流量高报警	>20000	kg/h
FRC-11（L）	贫油流量低报警	<8000	kg/h
TIC-12（H）	循环油温高报警	>10	℃
PIC-08（H）	塔压高报警	>1.30	MPa
LIC-10（H）	吸收塔釜液位高报警	>85	%
LI-11（H）	储油罐液位高报警	>85	%
LI-09（H）	尾气分离罐液位高报警	>65	%
LIC-12（H）	解吸塔液位高报警	>85	%
PIC-08（L）	吸收塔压力低报警	<1.10	MPa
LIC-10（L）	吸收塔釜液位低报警	<15	%
LI-11（L）	储油罐液位低报警	<15	%
LI-09（L）	尾气分离罐液位低报警	<15	%
LIC-12（L）	解吸塔釜液位低报警	<15	%

3. 指示和记录变量

FI-08	富气（生成气）流量（0～10000kg/h）	FI-09	贫气流量（0～10000kg/h）
TI-10	塔中间板温度（0～50℃）	TI-09	塔顶温度（0～50℃）
TI-11	塔釜温度（0～50℃）	PI-06	塔顶压力（0～2.0 MPa）
PI-07	塔釜压力（0～2.0 MPa）	LI-11	储油罐液位（0～100%）
LI-09	尾气分离液位（0～100%）	TI-08	尾气分离温度（0～10℃）
FI-08	富气流量记录（0～10000kg/h）	FRC-11	贫油流量记录（0～20000kg/h）
AI-01	塔顶 C_4 含量	AI-02	塔釜 C_4 含量
AI-03	塔顶 C_6 含量		

4. 控制器

位号	作用	设定值（正常状态）	范围
LIC-10	吸收塔釜液位控制器	50%	0～100%
FIC-10	富油流量控制器	15100kg/h	0～20000kg/h
FRC-11	贫油流量控制器	13300kg/h	0～20000kg/h
PIC-08	塔压控制器	1.2MPa	0～2MPa
LIC-12	解吸塔液位控制器	50%	0～100%
TIC-12	循环油温度控制器	5℃	0～20℃

5. 手操器

AKB	比值控制器的比值设定器（0～100%）	HV1	（生成气）富气入口阀（0～100%）
HV2	贫气出口阀（0～100%）	HV3	PIC-08 的旁路阀（0～100%）
HV6	新鲜油注入阀（0～100%）	HV7	储油罐出口阀（0～100%）
HV14	富油出口阀 （0～100%）	HV17	解吸塔入口阀（0～100%）
HV20、HV21	循环油路阀 （0～100%）	HV22	尾气分离罐排液阀（0～100%）
HV23	储油罐泄液阀（0～100%）	HV24、HV25	EA-312 的盐水入、出口阀（0～100%）
HV26、HV27	EA-306 的盐水入、出口阀（0～100%）		

6. 开关及快开阀门

公用工程具备	GYG 表示公用工程具备条件	仪表投用	YBT 表示仪表投用正常
氮置换	N2H 代替对系统的氮置换操作	氮吹扫	N2S 代替对系统的氮吹扫操作
G2A 开	启动 G2A 泵	G2B 开	启动 G2B 泵
V8、V9	G2A 的入、出口阀	V10、V11	G2B 的入、出口阀
V4、V5	PIC-08 的前、后阀	V12、V13	FRC-11 的前、后阀
V15、V16	FIC-10 的前、后阀	V18、V19	LIC-12 的前、后阀

四、操作说明

1. 冷态开车

（1）开车前的准备工作

① 将各控制器置手动，且输出为零。

② 将各手操器和开关关闭。

③ 开"GYG"，表示公用工程具备。

④ 开"YBT"，表示仪表投用。

⑤ 开"N2S"，表示系统氮气吹扫完成。

⑥ 开"N2H"，表示氮气置换合格。

（2）建立吸收塔和解吸塔系统 C_6 油冷循环和热循环

① 开阀门 HV6，向 FA-11 引入贫油，LI-11 上升。

② 当 LI-11 上升至 50%之前，先全开 V7、V8，启动泵 G2A，然后开 V9、V12、V13。当 LI-11 上升至 55%左右，手动开 FRC-11 的输出约 20%，当塔内持液量建立后，吸收塔液位 LIC-10 上升。注意调整 HV6 阀，保证 LI-11 不超限。

③ 当 LIC-10 达到 50%之前，全开 HV14、V15、V16 和 HV17。当 LIC-10 接近 50%时，手动开 FIC-10，C_6 油进入解吸塔，LIC-12 上升。当 LIC-10 达到 50%时，将 LIC-10 和 FIC-10 同时投入自动和串级。

④ 当 LIC-12 达 50%之前，全开 V18、V19、HV20、HV21、HV24 和 HV25。当 LIC-12 达 50%时投自动，此时已建立 C_6 油，的冷循环。由于设备及管线的持液量也基本建立，若继续进 C_6 油，会导致 LI-11 迅速上涨。应注意关小 HV6，防止 LI-11 超限。建立 C_6 油循环时，稳定工况的关键是控制 FRC-11 不宜过大，否则难于控制各液位。冷循环一旦建立，解吸塔会立即升温（本软件仅仿真吸收塔部分，解吸塔的相关现象由软件自动生成。操作从略）。可观察到系统各测量点温度上升，说明系统已进入热循环阶段。

（3）氮气升压　为了稳定富气进塔的流量，提高开车阶段的吸收效率，在接收富气前将吸收塔用氮气升压有好处。开氮气充压阀 VN2，将 DA-302 压力提到 1.0 MPa 以上，关 VN2。

（4）接收富气（C_4 混合气）　确认热循环已建立，氮充压完成，可开始进富气。

① 逐渐开 HV1，同时开 HV2 约 10%～20%。注意各检测点压力逐渐上升。

② 开 V4、V5，当 PIC-08 压力升至 1.2 MPa 左右时投自动。

③ 随压力上升，逐渐开大 HV1 和 HV2，使 FI-08 达到 2000 kg/h 左右。

④ 进富气达到一定负荷后，开 HV26 和 HV27，调整两阀使 TI-08 在 5℃以下，以便在 FA-04 中分离 C_6 油。

（5）手动开 TIC-12 的输出，使温度降低至 5℃左右，投自动。

（6）设"AKB"为 53.5%左右，将 FRC-11 投自动和比值控制（以串级表示）。

（7）提升进富气负荷。逐渐开大 HV1 和 HV2，待吸收塔顶温 TI-09 下降至 7.0℃左右，使进气流量缓慢提高到 5000 kg/h 左右。注意当 LI-09 高于 60%时，可适当开 HV22 阀。由于 C_6 油在吸收解吸过程中有一定损耗，当 LI-11 下降时，应适当开大 HV6 补充 C_6 油。

（8）将系统调整到正常工况，设计值范围如下：

FI-08	5000	kg/h		FRC-11	13300	kg/h
PIC-08	1.20	MPa		TI-08	<5.0	℃
TIC-12	5.0	℃		LIC-10	50	%
LIC-12	50	%		LI-09	50	%
LI-11	50	%		AI-01	<0.6	%
AI-02	<0.6	%				

2．正常停车

（1）停前状态及准备　　同正常运行。

（2）正常停车

① 开 HV22，使 LI-09 低于 5%，关 HV22。

② 断开 FRC-11 的比值控制，将 PIC-08 置手动。

③ 关 HV1，同时尽快关 PIC-08 输出。

④ 关 HV26、HV27

⑤ 待塔顶 C_4 组成降至 0.1%时，断开 FIC-10 的串级，手动关 FRC-11，再关 V9，停 G2A 泵，关 V8，关 HV7。

⑥ 待 LIC-10 降至 0.0%时，开 HV22，使 LI-09 降至 0.0%。

⑦ 关 FIC-10 输出，关 HV14、HV17。

⑧ 将 LIC-12 置手动（约 50%）

⑨ 当 LIC-12 降至 0.0%时，关 LIC-12 输出，关 HV20、HV21，再关 HV24、HV25 和 TIC-12 输出。

⑩ 开 HV23，降 LI-11 液位。

⑪ 开 PIC-08 输出降压。

⑫ 待 LI-11 降至 0.0%，关 HV23，待压力降至 0.0MPa，关 PIC-08。

⑬ 氮吹扫。

⑭ 待塔温升至 24℃以上时，关闭所有阀门，停车完毕。

3．紧急停车

（1）停前状态及准备　　同正常运行。

（2）紧急停车

① 断开 FRC-11 的比值控制。

② 关闭 HV1，同时尽快手动关闭 PIC-08。

③ 开 HV22，降 LI-09 至 0.0%，关 HV22。

④ 关 HV26、HV27。

⑤ 在此基础上维持 C_6 油循环状态。

⑥ 停车完毕。

五、事故设置及排除

1．泛塔（F2）

事故现象　塔顶 C_4>0.8%，不合格。周期性呈现塔压差变大，超过 0.05 MPa，塔顶温度上升。

事故原因　汽、液相流量过大。

处理方法　断开 FRC-11 的比值控制。手动关小 HV1，调小进气流量 FI-08 为 5100kg/h 以下。手动或自动关小 FRC-11 输出，使 FRC-11 小于 13400kg/h。

合格标准 使系统回到正常运行合格状态。

2. 停电（F3）

事故现象 贫油流量 FRC-11 为 0.0，泵指示灯灭，报警。吸收塔不正常，塔顶 C_4 组分变大，塔顶温度上升，塔釜液位有下降波动。

处理方法 断开 FRC-11 的比值控制。关 HV1，手动关 PIC-08 输出，以维持一个较高的压力。关 FIC-10 输出，关 LIC-12 输出，以维持两个塔的液位。关 HV24、HV25、HV26、HV27 停供盐水。

合格标准 及时发现并处理，保持塔压及液位。

3. 停仪表风（F4）

事故现象 按控制阀的气开 / 气关设置，PIC-08 输出全开，FRC-11 输出全关，FIC-10 输出全关，LIC-12 输出全关，TIC-12 输出全开。塔压下降，塔顶 C_4 上升，塔顶温度上升。

处理方法 关阀 HV1，同时关阀 HV2，保压。开 HV22，将 FA-04 的液体排至解吸塔。关 HV24、HV25、HV26、HV27，停盐水。

合格标准 及时处理、保压、保液。

4. 停盐水（F5）

事故现象 TIC-12 温度上升。TI-08 上升，冷凝量减少。塔顶温度上升。塔顶 C_4 组分和 C_6 组分上升。

处理方法 断开 FRC-11 的比值控制。关闭 HV1，同时关闭 PIC-08 输出。关 FRC-11 的输出。关 FIC-10，关 LIC-12。

合格标准 完成停车操作。

5. G2A 泵坏（F6）

事故现象 FRC-11 流量降到 0.0，且报警；塔顶 C_4 上升，顶温上升；塔釜液位下降。

处理方法 关 V9，停 G2A 泵，关 V8。开 V10，开启 G2B 泵，开 V11。由 FRC-11 手动调其流量到正常值，再投入自动及比值控制。

合格标准 及时处理并回复到正常运行工况。

六、开车评分信息

本软件设有 3 种开车评分信息画面。

1. 简要评分牌

能随时按功能选择键盘的"Sc"键调出。本评分牌显示当前的开车步骤成绩、开车安全成绩、正常工况质量（设计值）和开车总平均成绩。为了有充分的时间了解成绩评定结果，仿真程序处于冻结状态。按键盘的"空格"键返回。

2. 开车评分记录

开车评分画面能随时调出。本画面记录了开车步骤的分项得分、工况评分的细节、总报警次数及报警扣分信息。显示本画面时，软件处于冻结状态。按键盘的"空格"键返回。详见图 9-3。

3. 趋势画面

本软件的趋势画面记录了重要变量的历史曲线，可以与评分记录画面配合，对开车全过程进行评价。

七、开车评分标准

1. 开车步骤评分要点

① 各控制器置手动，各控制器输出为零，各手操器关闭　　　　　　　9分

② 公用工程 GYG 开，仪表投用 YBT 开，氮气吹扫完成 N2S 开，
　 氮置换合格 N2H 开　　　　　　　　　　　　　　　　　　　　　9分

图 9-3　开车评分记录画面

③ 开 HV6 阀，进贫油　　　　　　　　　　　　　　　　　　　　10分

④ DA-02 塔顶进油，开始油循环　　　　　　　　　　　　　　　15分

⑤ LIC-10 大于 45%，投自动和串级　　　　　　　　　　　　　　10分

⑥ LIC-12 大于 45%，投自动。氮升压完成　　　　　　　　　　　10分

⑦ 冷却器 EA-306 投用　　　　　　　　　　　　　　　　　　　10分

⑧ 冷却器 EA-312 投用　　　　　　　　　　　　　　　　　　　10分

⑨ 开 HV1 进富气，且开度大于 30%　　　　　　　　　　　　　15分

　　　　　　　　　　　　　　　　　　　　　　　　　　总计：98分

2. 正常工况质量评分要点

① 4800 < FI-08 < 5200　　　　　　kg/h　　　　　　　　　　9分

② 3000 < FI-09 < 3400　　　　　　kg/h　　　　　　　　　　6分

③ 1.19 < PIC-08 < 1.21　　　　　　MPa　　　　　　　　　　6分

④ 13100 < FRC-11 < 13400　　　　kg/h　　　　　　　　　　6分

⑤ 4.5 < TIC-12 < 5.5　　　　　　　℃　　　　　　　　　　8分

⑥ TI-308<5.5　　　　　　　　　　℃　　　　　　　　　　5分

⑦ 40% < LI-11 < 60%   6 分

⑧ 40% < LI-09 < 60%   6 分

⑨ LIC-01 投自动，投串级，且 48% < LIC-01 < 56%   6 分

⑩ LIC-12 投自动，且 48% < LIC-12 < 56%   5 分

⑪ FIC-10 投自动，投串级   5 分

⑫ FRC-11 投自动，投比值（串级代）   5 分

⑬ TIC-12 投自动   5 分

⑭ 塔顶 C_4 含量 AI-301 < 0.6%   10 分

⑮ 塔顶 C_6 含量 AI-303 < 0.6%   10 分

总计：98 分

思 考 题

1. 板式吸收塔主要由哪些部件组成？说明各部件的作用。

2. 画出本吸收系统的工艺流程简图。说明各操作单元的作用。

3. 吸收过程开车前必须做好哪些准备工作？

4. 简述吸收过程的开车步骤及开车注意事项。

5. 本吸收过程正常工况的工艺指标是什么？

6. 指出建立贫油循环所历经的设备、管线和阀门。如何调整及协调吸收塔釜、解吸塔釜和贫油储罐三液位？

7. 为什么吸收塔釜液位控制 LIC-10 与塔釜采出流量控制 FIC-10 的串级控制称为均匀调节？起何作用？

8. 冷却器 EA-306 和分离罐 FA-304 起何作用？

9. 为什么进富气前将吸收塔升压？有何作用？

10. 温度和压力对吸收效率有何重要影响？本吸收系统设置了哪些设备和控制系统以便提高吸收效率？

11. 如果吸收塔温度偏高会导致全塔什么后果？

12. 本吸收过程处于正常工况时，如果阀门 HV2 关小会导致全塔什么后果？

13. 本吸收过程处于正常工况时为什么吸收塔下部温度比塔顶高？

14. 为什么进气流量 FI-08 和塔顶贫油喷淋流量 FIC-11 设置成比值控制？如何调整？

15. 解释贫油、富油、贫气与富气的概念。

16. 吸收的机理是什么？如何提高吸收率？

17. 气体在液体中的溶解度受哪些因素影响？简述亨利定律的内容。

18. 解释吸收塔推动力的概念。当汽液平衡关系服从亨利定律时，吸收塔的平均推动力如何计算？

19. 本吸收过程的常见故障有哪些？如何排除？

第十章
加　热　炉

一、工艺流程简介

石油化工领域常见的加热炉，目的在于使物料升高温度。从结构上看，加热炉可以分解成燃烧器、燃料供给系统、炉体及有关的控制系统及紧急事故时的安全保护系统。其中炉体主要包括空气流道、燃烧段、辐射段、对流段、烟筒及控制空气流量的挡板。

1. 流程简述

本加热炉所使用的燃料气主要含甲烷与氢气，其百分比组成如下：

CH_4	34.5 %	C_2H_6	11.3 %
C_3H_8	6.6 %	C_4H_{10}	4.9 %
C_5H_{10}	0.7 %	H_2	38.2 %
N_2	3.8 %		

燃料气供给管路系统，在加热炉的结构中是较复杂的部分，如流程图 10-1 所示。燃料气首先

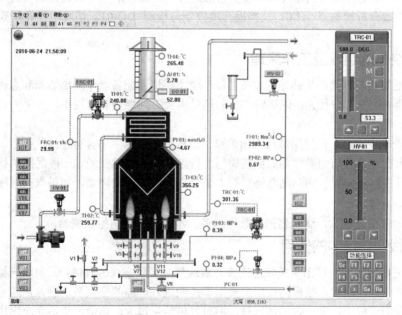

图 10-1　流程图画面

经过供气总管从界区引到炉前。该管道的端头下部连有一个气、液分离罐，分离罐设两路排放管线，一路将燃料气中所夹带的水和凝液排放入地沟，另一路将燃料气管线中可能滞留的空气排入火炬系统。

在距供燃气管线端头 2m 处有一分支管线，将燃料气引入加热炉。此管线上设紧急切断阀 HV-02，这个阀门由控制室遥控开或关。

当出现燃料气异常，如突然阻断引起炉膛熄火事故时，应首先关闭此阀。加热炉停车时也应关闭此阀。管线上装有流量变送器及孔板，用来检测记录燃料气的流量 FI-01，计量单位为 m^3（标准状况）/天。另外由一现场压力表 PI-02 显示燃料气的总压，正常值为 0.5～0.8MPa。

管线引至炉底分成两路，一路供主燃烧器使用，另一路供副燃烧器使用。在主燃烧器管线上设炉出口温度控制控制阀，通过调节燃气的流量来控制炉出口温度。现场压力 PI-03 指示主燃烧器供气支管压力。在副燃烧器供气管线上装有一个自力式压力控制器 PC-01，当燃料气总压波动时，维持副燃烧器支管压力为 0.32 MPa，通过现场压力表 PI-04 指示。

滞留在主、副燃烧器支管中的水或非燃料气，如空气、氮气等，通过 V1、V2、V3 排入地沟或火炬系统。

加热炉的两个主燃烧器分别通过阀门 V4、V5 或 V9、V10 同主燃烧器供气管相连。两个副燃烧器分别通过阀门 V6、V7 或 V11、V12 同副燃烧器供气管相连。

炉膛蒸汽吹扫管线上设置 V8 阀，蒸汽由此管线进入炉膛。

加热炉物料为煤油，来自分离塔塔釜，经过加热后返回塔釜。加热炉在分离塔中起再沸器的作用。对于沸点较高的物料常用此方法。煤油入口管线设置切断阀 HV-01、流量检测孔板及控制阀。煤油进入炉内首先经过对流段。对流段的结构相当于列管式换热器，作用是回收烟气中的余热将煤油预热。烟气走管间（壳程），煤油走管内（管程）。对流段的入口和出口分别由温度 TI-01 和 TI-02 指示。

对流段流出的煤油全部进入辐射段炉管，接受燃烧器火焰的辐射热量，最后达到所需要的加热温度后出加热炉。辐射段炉管外表面和出口设有温度指示 TI-03 和 TRC-01 控制。

加热炉炉体与烟筒总共高 15m，进入炉体的空气量由挡板 DO-01 的开度控制。空气的吸入是在炉内热烟气与炉外冷空气的重度差推动下自然进行。对流段烟气出口处设烟气温度检测 TI-04、烟气含氧量在线分析检测点 AI-01 及挡板开度控制与检测 DO-01。炉膛中设有炉膛压力检测点 PI-01。

2. 燃烧器的组成及工作原理

燃烧器是加热炉直接产生热量的设备。每一个主燃烧器配备一个副燃烧器和点火孔，构成一组。主燃烧器的供气管口径大，燃烧时产生的热量也大。副燃烧器口径小，产生的热量很小，主要用于点燃主燃烧器。

点火的正确步骤是：首先用蒸汽吹扫炉膛，检测确认炉膛中不含可燃性气体后，将燃烧的点火棒插入点火孔，再开启副燃烧器的供气阀门。待副燃烧器点燃并经过一段时间的稳定燃烧后，即可直接打开主燃烧器供气阀，副燃烧器的火焰会立刻点燃主燃烧器。如果点火顺序不对，可能发生炉膛爆炸事故。

炉子的加热负荷越大，燃烧器的组数也越多。本加热炉有两组燃烧器。

3. 挡板在燃烧中的作用

装在烟道内的挡板可以由全关状态连续开启达到全开状态（0~100%）。前面已提到本加热炉的进风为自然吸风，因此，挡板的作用主要用于控制进入炉膛的空气量。进入炉膛空气量的多少决定了燃烧反应的程度，即一定的进风量，燃料气供给量过大，将会产生不完全燃烧；反之，进风量过大，将使烟气带走的热量增加。所以，正确的操作应当是保证完全燃烧的前提下，尽量减少空气进入量。即挡板的开度必须适中，不能过大，也不能过小。

在炉子运行中调整挡板时还应注意的一点是，当炉膛处于不完全燃烧时，开启挡板不得过快，这样会使大量空气进入炉膛，由于不完全燃烧，炉膛中有过剩的高温燃料气，会立刻全面燃烧而引发二次爆炸事故。

在炉膛处于燃烧的情况下，挡板开度较大，炉膛进风量大，炉膛负压（mmH_2O）升高，同时烟气中的含氧量也升高。反之负压减少，烟气中的含氧量减少，甚至为正压。正常工况应使炉膛内形成微负压$-3.5\sim-6.0mmH_2O$，烟气中的含氧量在 1.0%～3.0%之间。含氧量大于 3%说明空气量过大，含氧量小于 0.8 %说明处于不完全燃烧状态。

4. 加热炉控制系统及特点

加热炉控制系统的目的是当炉出口温度达到要求值（300℃）后使其维持不变。本加热炉的温度控制回路（TRC-01）是通过主燃烧器供气管的燃料气流量，使物料出口温度达到给定值。该控制系统是一个单回路的常规控制方案。比较特殊的地方不在控制器及回路本身，而在控制阀的特殊构造上。此控制阀在全关时仍能保持一个最小开度，以防主燃烧器熄火。

副燃烧器的供气量很小，所以采取压力自力式控制将供气压力维持在 0.32MPa，以保持长明状态。

由于采用了以上控制方案，在紧急事故状态或停车时，必须将紧急切断阀 HV-02 彻底关断。

二、流程图说明

加热炉工艺流程图 10-1 中的控制仪表及操作设备说明如下。

1. 指示仪表

FI-01	燃料气流量 m^3/天（标准状况）	TI-01	煤油入口温度 ℃
TI-02	加热炉对流段出口温度 ℃	TI-03	辐射段炉管表面温度 ℃
TI-04	对流段烟气出口温度 ℃	PI-01	炉膛压力 mmH_2O
PI-02	燃料气总压力 MPa	PI-03	主燃烧器供气管分压力 MPa
PI-04	副燃烧器供气管分压力 MPa	DO-01	挡板开度 %
AI-01	烟气含氧量 %		

2. 控制器

FRC-01	被加热物料煤油流量控制器	t/h
TRC-01	煤油出口温度控制器	℃
PC-01	副燃烧器供气压力自力式控制器	MPa

3. 手操器

HV-01	煤油进口切断阀	HV-02 燃料气紧急切断阀
DO-01	烟气挡板	

4. 开关及快开阀门

V1	至火炬泄放阀	V2	主燃烧器供气管路泄放阀
V3	副燃烧器供气管路泄放阀	V4	1 号主燃烧器供气前阀
V5	1 号主燃烧器供气后阀	V6	1 号副燃烧器供气前阀
V7	1 号副燃烧器供气后阀	V8	蒸汽吹扫阀
V9	2 号主燃烧器供气前阀	V10	2 号主燃烧器供气后阀

V11 2号副燃烧器供气前阀　　　　V12 2号副燃烧器供气后阀
IG1 1号点火开关　　　　　　　　IG2 2号点火开关

5. 报警限（H：高限报警　　L：低限报警）

TRC-01 　<295 ℃ 　　　　(L)　　　　TRC-01 　>310 ℃ 　　　　(H)
FRC-01 　<3.0 t/h 　　　　(L)　　　　AI-01 　　>5.0 % 　　　　(H)
AI-01 　　<0.5 % 　　　　(L)　　　　PI-01 　　>0.0 mmH₂O 　　(H)

控制组画面如图 10-2 所示。

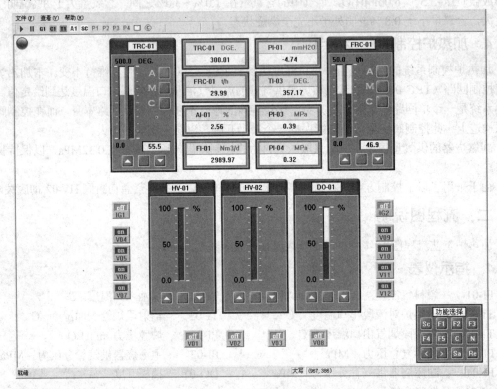

图 10-2　控制组画面

三、操作说明

1. 加热炉冷态开车操作步骤

① 检查以下各阀门和设备是否完好：

燃料气紧急切断阀 HV-02；

加热炉出口温度控制阀（TRC-01）；

副燃烧器供气压力控制阀（PC-01）；

挡板 DO-01 从 0～100%开关试验。

② 检查以下各阀门是否关闭：

各主燃烧器阀门 V4、V5、V9、V10；

各副燃烧器阀门 V6、V7、V11、V12；

燃料气紧急切断阀 HV-02；

供气管泄放阀 V1、V2、V3；

炉膛蒸汽吹扫阀 V8 。

③ 将控制器 TRC-01 与 FRC-01 置手动。

④ 全开煤油入口阀 HV-01，手调 FRC-01 输出，使煤油流量达到 10t/h 左右，使炉管中有大于最小流量（3.0t/h）的煤油流过。

⑤ 全开燃料气紧急切断阀 HV-02，手动 TRC-01 置输出 30%左右。

⑥ 开启 V1、V2、V3 泄放阀，放掉供气管中残存的非燃料气体，供气管中充满燃料气后，关闭 V1、V2、V3。手动 TRC-01 置输出为零。

⑦ 全开挡板 DO-01，为蒸汽吹扫做准备。

⑧ 打开蒸汽阀 V8 吹扫炉膛内可能滞存的可燃性气体。3～5min 后关闭 V8，确认炉内可燃性气体在爆炸限以下时方可转入下一步（此处以氧含量 AI-01 低于 15.0%为准，关 V8 后氧含量上升属正常），否则继续吹扫炉膛。

⑨ 将挡板 DO-01 关小到 50%左右，准备点火。

⑩ 开一号点火器，本操作以开 IG1 开关表示。

⑪ 开 IG1 后持续时间必须超过 3 s，方能开启一号副燃烧器的前阀 V6 与后阀 V7。

⑫ 观察一号副燃烧器火焰是否出现，如果出现火焰，说明一号副燃烧器已点燃。注意点火的顺序，必须先开 IG1，然后开启供气阀 V6 与 V7，并且相隔时间必须大于 3 s，才能点火成功。如果顺序颠倒可能发生炉膛爆炸。

⑬ 确认一号副燃烧器点燃后，打开一号主燃烧器的前阀 V4 与后阀 V5。观察一号主燃烧器是否有火焰出现。点燃后由 V4、V5 的开启，观察燃料气的用量加大。

⑭ 由于加热炉是冷态开车，物料、管道、炉膛的升温应当均匀缓慢。所以先点燃一组燃烧器预热。此段时间内通过手动适当加大 TRC-01 控制阀的开度，关小挡板，等物料出口温度 TRC-01 上升到 280℃左右，再进行下面的操作。

⑮ 仿照⑩、⑪、⑫步操作，通过开点火器 IG2，打开 V11、V12，然后开 V9、V10，将二号副燃烧器和二号主燃烧器点燃。

⑯ 通过手动调整 TRC-01 及挡板 DO-01 开度，直到使煤油出口温度（TRC-01）达到（300±1.5）℃，投自动。

⑰ 提升负荷。手动调整 FRC-01，使煤油流量逐步增加到 30t/h。煤油出口温度（TRC-01）达到（300±1.5）℃，烟气氧含量在 1%~3%之间，炉膛压力为负，并且将以上工况维持住，则可以认为加热炉的开车达到正常状态。

⑱ 将 FRC-01 控制器投自动。

2. 加热炉正常停车操作步骤

① 关闭一号主燃烧器前阀 V4 与后阀 V5，减少热负荷。

② 关闭二号主燃烧器前阀 V9 与后阀 V10，进一步减少热负荷。

③ 将 TRC-01 切换到手动，并将输出关到零位。

④ 检查加热炉的燃烧条件。确认一、二号主燃烧器是否熄火，燃料气供气流量 FI-01 是否大幅度下降。

⑤ 关闭一号副燃烧器的前阀 V6 和后阀 V7。

⑥ 关闭二号副燃烧器的前阀 V11 和后阀 V12。

⑦ 确认一、二号副燃烧器熄火，且燃料气供气量 FI-01 降低，接近于零。

⑧ 关闭燃料气紧急切断阀 HV-02，并确认 HV-02 关闭。

⑨ 打开 V1、V2、V3，将燃料气供气管线的残留气体放至火炬系统，5 min 后关 V1、V2、V3。

⑩ 全关挡板 DO-01，保持炉膛温度，防止炉内冷却过快而损坏炉衬耐火材料。

⑪ 将 FRC-01 控制器置手动，待 TRC-01 下降至 240℃ 以下，可逐渐关小手动输出。保持炉管内一定的物料流量，防止炉膛余热使炉管温升过高。

⑫ 确认炉膛温度下降后，将物料切断阀 HV-01 关闭。

⑬ 全开挡板，打开蒸汽吹扫阀 V8，吹扫 5 min 后关 V8。

3. 加热炉紧急停车操作步骤

当加热炉出现事故，如炉膛熄火、爆炸、炉出口超温、物料流突然大幅度下降等紧急情况，必须迅速采取紧急停车操作，否则会酿成严重事故。

① 在紧急事故状态出现后，应立即关闭燃料气紧急切断阀 HV-02，首先切断全部燃料气的供应。

② 然后关闭一、二号主燃烧器供气阀 V4、V5、V9、V10。

③ 关闭一号、二号副燃烧器供气阀 V6、V7、V11、V12。

④ 全开挡板 DO-01。

⑤ 开蒸汽吹扫阀 V8，3 min 后关 V8。

⑥ 检查分析事故原因，排除事故。

⑦ 确认事故已排除，可参照加热炉开车步骤重新点火开车。

四、事故设置及排除

当加热炉开车至正常工况，并记录下成绩以后，即可开始事故排除训练。本仿真软件主要设有如下 5 种事故。其现象和排除方法如下。

1. 加热炉进料流量 FRC-01 突然减少 (F2)

事故现象 引起煤油炉出口温度 TRC-01 逐渐上升。

处理方法 发现问题后，应立即将 TRC-01 控制器打手动，减少燃料气流量，使出口温度恢复到（300±1.5）℃，并稳定在（300±1.5）℃，且含氧量及其他有关指标符合正常工况为合格。

2. 加热炉燃料气流量 FI-01 突然减少 (F3)

事故现象 引起煤油出口温度 TRC-01 逐渐下降。

处理方法 发现故障原因后，应立即将 TRC-01 控制器打到手动，加大燃料气流量，使出口温度 TRC-01 恢复，并稳定在（300±1.5）℃为合格。

3. 进料阻断 (F4)

事故现象 FRC-01 流量突然下降到"零"，TRC-01 将迅速升高。

处理方法 必须立刻进行紧急停车的各项操作。详见本章三之 3。

4. 燃料气 FI-01 突然阻断 (F5)

事故现象 炉膛突然熄火。

处理方法 必须立刻进行紧急停车的各项操作。详见本章三之 3。

5. 不完全燃烧 (F6)

事故现象 烟气含氧量 AI-01 下降。当小于 0.5% 时，即会出现不完全燃烧。

处理方法 此时可以通过调整挡板开度和供气流量 FI-01，使加热炉恢复正常工况。应当注意，在不完全燃烧时，开大挡板开度不得太快，否则会发生二次爆炸事故。

五、开车评分信息

本软件设有 3 种开车评分信息画面。

1. 简要评分牌

能随时按功能选择键盘的"Sc"键调出。本评分牌显示当前的开车步骤成绩、开车安全成绩、正常工况质量（设计值）和开车总平均成绩。为了有充分的时间了解成绩评定结果，仿真程序处于冻结状态。按键盘的"空格"键返回。

2. 开车评分记录

本画面记录了开车步骤的分项得分、工况评分的细节、总报警次数及报警扣分信息。详见图10-3。

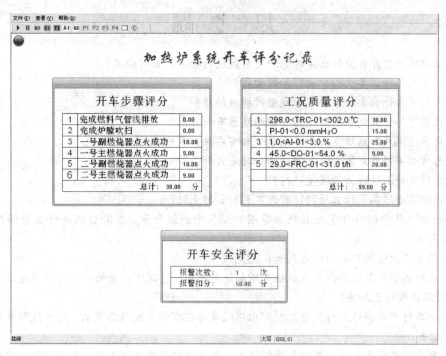

图 10-3   开车评分记录画面

3. 趋势画面

本软件的趋势画面记录了重要变量的历史曲线，可以与评分记录画面配合，对开车全过程进行评价。

六、开车评分标准

1. 开车步骤评分要点

① 完成燃料气管线排放   30 分
② 完成炉膛吹扫   30 分
③ 一号副燃烧器点火成功   10 分
④ 一号主燃烧器点火成功   9 分

⑤ 二号副燃烧器点火成功   10 分

⑥ 二号主燃烧器点火成功   9 分

总计：98 分

2. 正常工况质量评分要点

① 298.0℃< TIC-01 < 302.0℃   30 分

② PI-01< 0.0 mmH$_2$O   15 分

③ 1.0% < AI-01 < 3.0%   25 分

④ 48% < DO-01 < 55%   9 分

⑤ 29t/h < FRC-01 < 31 t/h   20 分

总计：99 分

思 考 题

1. 长期停炉后开车为什么要对燃料气系统进行检漏？如何检漏？
2. 开车前为什么要吹扫炉膛？如何吹扫？
3. 点火前为什么要对燃料气管线进行排放操作？
4. 点火时为什么先点副燃烧器？副燃烧器有何作用？
5. 自然通风式加热炉空气量（风量）和哪些操作条件有关？
6. 为什么不得在炉管中没有流动物料时点火升温？
7. 为什么升温过程必须缓慢进行？
8. 排烟温度过高是什么原因？有何不利？如何克服？
9. 排烟气体中的氧含量应在什么范围？烟气中的氧含量过高和过低是什么原因？有何现象？如何克服？
10. 何为二次爆炸？如何引起？如何避免？
11. 本加热炉开车时为什么在加热量增加速率相同的情况下，开始一段时间升温较慢，超过260℃后升温速度明显加快？
12. 开车时手动操作燃料气量控制炉出口温度存在有较大的滞后现象，对于这种特性，操作要领是什么？
13. 开车时可能发生虽然燃料气开得很大，但炉出口温度不再上升，甚至下降的现象，是何原因？
14. 开车正常后炉膛为什么必须保持负压？负压的大小与哪些因素有关？
15. 何为二次燃烧？如何引起？如何避免？
16. 采用等百分比特性的控制阀控制炉出口温度，阀门开度和燃料气流量呈什么关系？
17. 烟气挡板的开度和风量有何种非线性特性？
18. 停车为什么也要缓慢降温？
19. 停车时当燃烧器全部关闭后，为什么炉管中还应保持一定的流量？
20. 停车后为什么一定要确认燃料气紧急切断阀是否全关？
21. 停车时关小挡板的目的是什么？
22. 加热炉最危险的状态是什么？如何引起？如何处理？
23. 加热炉冒黑烟是何原因？如何排除？
24. 如果炉出口温度控制器失灵，你的第一反应是什么？

25. 试描绘炉区燃料气管道的空间分布示意图。

26. 自然通风的加热炉主要由哪几部分组成？各起什么作用？

27. 烟筒长度不同对通风有何影响？

28. 对流段为什么常用翅片管或钉头管，而不用一般列管式换热器？

29. 炉管为什么在炉中和炉出口一段距离内均采用挠性支承？

30. 加热炉衬里常用什么材料？衬里后为什么必须进行烘炉？简述小型加热炉的烘炉方法和烘炉曲线。

31. 燃料气管网如何正确设置排气、排液阀门？

32. 如何减小被加热物料在炉管中的阻力降？

33. 主燃烧器供气控制阀有何特殊结构？

34. 副燃烧器供气回路为什么用压力自力式控制方案？

35. 加热炉温度单回路常规控制方案有什么缺点？试提出两种复杂控制方案。

36. 控制器置手动时为什么给定值（SP）必须跟踪测量值（PV）？

37. 控制器比例放大系数（P）增大，对控制作用产生什么影响？

38. 控制器积分时间（I）减小，对控制作用产生什么影响？

39. 控制器微分时间（D）增大，对控制作用产生什么影响？

40. 控制器比例放大系数（P）和被调参数动态变化的时间常数有什么相关规律？

41. 为什么控制器在线工作必须整定 PID 参数？

42. 画出物料管路节流装置取压管线的完整示意图。

43. 如何求取混合燃料气的燃烧热？

44. 列出计算烟气中氧含量的常用公式。

45. 对流段传热量的大小和哪些因素有关？

46. 辐射传热量用什么方法求取？

47. 作出加热炉的总体热量平衡简图。

48. 给出加热炉热效率的原理型公式。

49. 试总结影响加热炉热效率的设备和操作因素主要有哪些？

50. 按照工程计算方法，在加热炉仿真器上测量一组数据，用教师给出的方法计算该操作状态下的加热炉热效率。

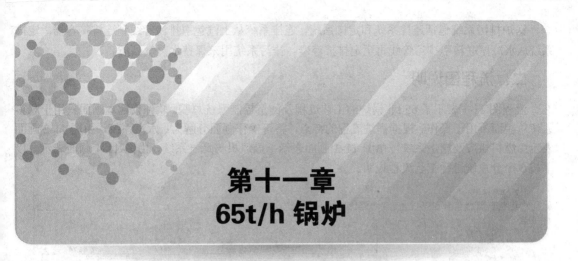

第十一章
65t/h 锅炉

一、工艺过程简介

每小时产中压蒸汽 65t（65t/h）锅炉系统，在我国大型石油化工企业应用广泛。由于本锅炉可以燃烧含一氧化碳（CO）的炼油厂催化裂化再生烟气，所以又称为一氧化碳环保锅炉。65 t/h 锅炉所包含的工艺、设备、操作及控制内容相当于一套完整的过程系统，开车过程具有典型代表意义，而且复杂程度适中，因此特别适合于仿真实习的后期综合训练，即由学生独立完成全流程开车任务、开车方案可行性试验、事故处理训练及优化操作训练等。

一氧化碳（CO）锅炉的作用是使燃料放热，并将热量传给工质水，以产生 440℃、3.82MPa 的过热蒸汽。其主要作用是向全厂供给中压蒸汽及消除催化裂化装置（FCCU）再生 CO 废气对大气的污染，回收催化装置再生废气之热能。

主要设备 WGZ65/39-6 型锅炉，采用锅水自然循环、双汽包结构。设置膜式水冷壁，提高了炉子的严密性。燃料气（油）装置均在前墙布置。CO 喷嘴布置在炉底，尾部采用正压二次分离的钢珠除灰系统。整台锅炉采用全露天全悬吊结构，增强了抗震性能。并且设有一套完整的燃烧设备，可适应燃料气、液态烃、燃料油等多种燃料，既可以单独烧一种燃料，也可以多种燃料混烧，还可以分别与 CO 废气混烧。

锅炉本体由省煤器、上汽包、对流管束，下汽包、下降管、水冷壁、过热器、表面式减温器、联箱等组成。省煤器有 4 组，主要作用是预热锅炉给水，降低排烟温度，提高锅炉热效率。上汽包由百叶窗、旋风分离器、水位计等组成，主要作用是汽水分离，连接受热面构成正常循环等。水冷壁由 $\phi60 \times 5$ 的钢管组成，主要作用是吸收炉膛辐射热。过热器分低温段和高温段，由 $\phi38 \times 4.5$ 的 65 根钢管组成，主要作用是使饱和蒸汽变成过热蒸汽。表面式减温器由 $\phi16 \times 3$ 的 55 根管束和 $\phi386 \times 25$ 筒体组成，主要作用是控制过热蒸汽的温度，控制范围为 10~33℃。

带控制点的工艺流程如图 11-1 所示，锅炉给水一部分经减温器回水至省煤器，一部分直接进入省煤器，被烟气加热至 256℃饱和水进入上汽包，再经对流管束至下汽包，通过下降管进入锅炉水冷壁，吸收炉膛辐射热在水冷壁里变成汽水混合物，然后返回上汽包进行汽水分离。256℃ 的饱和蒸汽进入一级过热器、减温器及二级过热器，最终加热成 440℃、3.8 MPa 的过热蒸汽供给用户。以上的循环不断进行，连续提供蒸汽。

除氧器给水系统接受除盐水、汽轮机回水、主风机回水和汽压机回水等。通过热力除氧后，主要供锅炉用水，部分经过低压给水泵供全厂其他用户。除氧水含氧量小于 15 mg/L。

锅炉排污系统包括连排系统和定排系统。连排系统从上汽包引排污管线到连排扩容器。定排系统从水冷壁联箱引排污管线再至定排扩容器。排污系统用来保持水蒸气品质。

二、流程图说明

流程图 11-1 表示了 65 t/h 锅炉的工艺过程及测量控制系统总貌。软件设定本画面只用于观察系统总貌而不用于操作。根据锅炉流程的特点，将可操作画面分解为：水汽系统，由图 11-2 画面表示；燃料供应及燃烧系统，由图 11-3 画面表示；鼓风机与烟气系统，由图 11-4 画面表示。以下按 3 个分系统进行工艺流程说明。

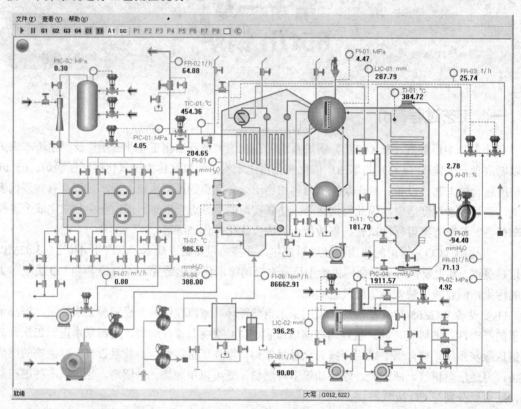

图 11-1　流程总貌画面

1. 水汽系统

详见图 11-2。经处理的软化水汇集蒸汽透平复水系统的冷凝水等，总流量由 FI-04 指示，在 LIC-04 输出控制阀控制下进入除氧器的上部热力除氧头。除氧的目的是防止锅炉给水中溶解有氧气及二氧化碳，对锅炉及全厂使用蒸汽的设备造成腐蚀。除氧头下部连接有卧式水箱，在其中部 800 mm 的高度设水位计及液位控制器 LIC-02。实际设有 3 台除氧器，用 V8 进行气相连通，用 V4 进行液相连通。除氧用蒸汽分两路，一路在压力控制器 PIC-04 输出控制阀的控制下进入除氧头下部，另一路经阀门 V7 进入除氧头下部卧式水箱。

热力除氧是用蒸汽将给水加热到饱和温度，将水中溶解的氧气及二氧化碳放出。除氧头的结构像分离塔，内设多层配水盘。每层配水盘底部开有大量小孔，给水从塔顶逐盘分部流下。蒸汽从塔底迂回上升，与落下的水滴逆流多次接触，水被加热，放出溶解氧。部分蒸汽凝结，和除氧后的水同时进入下水箱。被除掉的氧气、二氧化碳及氮气等与未凝结的蒸汽向上流动，从顶部排至大气。热力除氧可使给水中的氧气含量降低到 15 mg/L 以下，二氧化碳降低到 2 mg/L 左右。

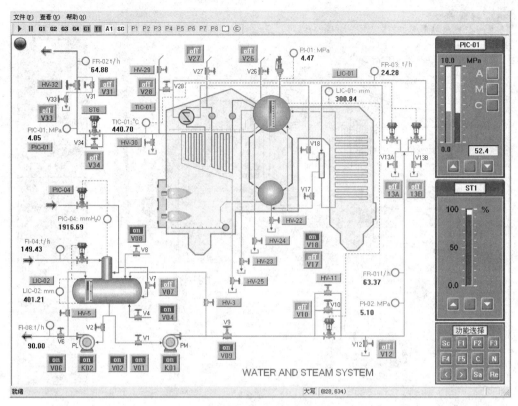

图 11-2　水汽系统画面

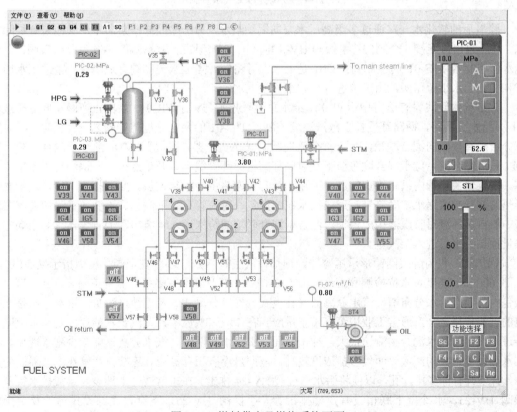

图 11-3　燃料供应及燃烧系统画面

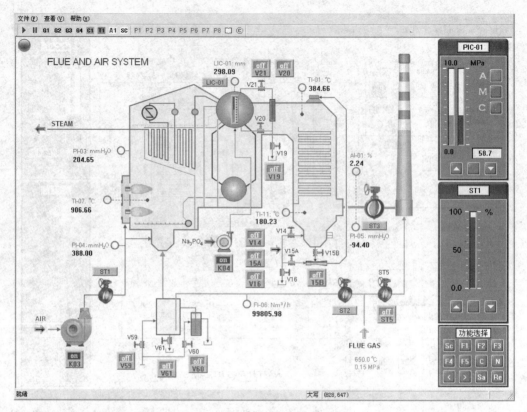

图 11-4　鼓风机与烟气系统画面

　　除氧后的软化水一路通过多级高压水泵向锅炉给水，另一路经低压泵向本厂其他装置供除氧水。高压泵出口连接 5 个阀门：手操阀 HV-3 将高压水分流回除氧器水箱；V9 为泵出口阀；上汽包水位控制器 LIC-01 的控制阀；V10 是上水大旁路阀，当上水控制阀有故障时，紧急上水用；HV-11 是上水小旁路阀，用于冷态开车时小流量上水。

　　锅炉给水管线设有压力指示 PI-02、给水总流量指示与记录 FR-01、高压止逆阀及低点排液阀 V12。给水分两路，两路都受控于蒸汽温度控制器 TIC-01 的两个分程控制阀之一。正常工况时大部分给水直接流向混合联箱，另一部分流向减温（换热）器，经阀门 V18 汇合于混合联箱。阀 V17 是再循环阀，位于混合联箱至下汽包底部的再循环管线上。开车点火后，锅炉给水流量尚为零。省煤器换热管内只有静止的水，因无法及时传递热量会引起过热。此间打开 V17，由于燃烧传热的差异导致锅水密度差异，形成锅水在上汽包、对流管束、下汽包、再循环管路和省煤器回路中的自然环流对省煤器构成保护。汇合于混合联箱的给水流入 4 组串联的省煤器，利用烟气的热量预热给水后进入上汽包。

　　锅炉上汽包为卧式圆筒形承压容器。顶部设放空阀 V26、多个安全阀、压力指示仪 PI-01、中部 600mm 高度设水位检测和液位控制 LIC-01，下部及侧壁有多条对流管束与下汽包相联。上汽包内部装有给水分布槽、汽水分离器（孔板式或旋风分离式）及连续排污管。汽水分离是上汽包的重要作用之一，通常工业用蒸汽带水量应当在 1%～3%以下，蒸汽带水的原因是从水冷壁上升进入汽包的汽水混合物流速很大，冲击液面，引起水花四溅。汽水分离器能减少溅水现象。在锅水蒸发量最大的汽液界面处含盐浓度较高，液面悬浮有积存盐渣。连续排污管在汽液界面处延伸，管壁开有许多排污孔，以便将污水通过阀 HV-24 排走。在正常液位上部设有事故排水管及手操阀 HV-23，水冷壁下联箱设有定期排污管及手操阀 HV-25，下汽包底部设排污管及手操阀 HV-22，用于排放沉淀物、泥沙等。

上汽包汽化的蒸汽进入第一级过热段（又称低温过热段）汽相升温。中间设高点排空阀 V27。然后通过减温器进入第二级过热段（又称高温过热段）。两级过热后的蒸汽温度达到 440℃，进入蒸汽输出管线。管线上设有主排空管及手操阀 HV-29，过热器疏水阀 HV-30，主要用于开车时过热段降温保护，小口径排凝阀 V31、V33 和 V34，本锅炉与蒸汽管网的隔离阀 HV-32，产汽负荷提升手操阀 ST6。为了准确监控产汽质量与产量，设温度控制器 TIC-01、压力控制器 PIC-01 和主蒸汽流量指示记录表 FR-02。为了减低能耗，FR-02 一般不用孔板流量计而用喷嘴式流量计。

2. 燃料供应及燃烧系统

详见图 11-3。高压瓦斯（HPG）经 PIC-02 控制阀进入燃料气缓冲罐，用于稳定燃料气的压力，从而稳定燃烧。液化石油气（LG）经 PIC-03 控制阀进入同一个燃料气缓冲罐，汽化为高压瓦斯。通常这两种燃料只用一种。从燃料气缓冲罐输出的高压瓦斯分为两路，一路由主蒸汽压力控制器 PIC-01 控制，向阀 V39、V40、V43 及 V44 所连接的 4 个燃气烧嘴供气。另一路经 V36 进入文丘里抽气泵。从炼油厂送来的低压瓦斯（LPG）经阀 V35 与 V37 被吸入文丘里抽气泵，在泵出口混合为中压瓦斯，经由阀 V38 向阀 V41 和 V42 所连接的两个燃气烧嘴供气，进行余热利用。燃料油从油罐送入油泵，泵电机开关为 K05。燃料油流量设 FI-07 指示记录。泵出口流量用手操阀 ST4 控制，向阀 V46、V47、V50、V51、V54 和 V55 所连接的 6 个燃油烧嘴供油。油路的回线经阀 V58 返油罐，以便开车时进行油循环，防止油路堵塞。为了油路开车通畅，设有阀 V45、V48、V49、V52、V53、V56 和 V57 对 6 个燃油烧嘴及回油管线进行吹扫（燃油雾化蒸汽系统从略）。如果只开 6 个燃气烧嘴，则仅能维持 25t/h 左右的产汽量，为了提高产量必须增投燃油烧嘴。

3. 鼓风机与烟气系统

详见图 11-4。燃烧系统所需的空气被鼓风机吸入，电开关为 K03。风机出口经挡板 ST1 分别向燃气、燃油和再生烟气烧嘴供风。风机出口压力由 PI-04 指示，炉内压力由 PI-03 指示，炉膛燃烧区温度由 TI-07 指示，省煤器烟气入口温度由 TI-01 指示，省煤器烟气出口温度由 TI-11 指示。烟道挡板 ST3 用来调整风量，烟气的氧含量由分析仪 AI-01 指示，烟道负压由 PI-05 指示。

来自催化裂化（FLCU）再生器的 CO 烟气，温度为 650℃，压力为 0.15 MPa。当不向锅炉导 CO 烟气时，应打开蝶阀 ST5，将 CO 烟气直接导入烟囱。当向锅炉导烟气时，打开蝶阀 ST2，CO 烟气首先流入大水封，进气前应先将水放掉。导入炉内的烟气流量由 FI-06 指示。

加药泵电机开关为 K04。加药处理是向上汽包用泵注入碱性或胶质药剂，使给水中的硬度盐类在进入锅炉后变成非黏附性的水渣，经排污排出，从而防止锅炉内结垢与腐蚀。此外，还能使已经附着在锅壁上的垢层逐渐松软脱落。

压缩风分珠阀 V14、压缩风升珠阀 V15A、压缩风落珠阀 V15B 及压缩风疏水阀 V16 属钢珠除灰系统。钢珠除灰的目的是将省煤器 4 组换热面上在运行过程中积存的烟尘除去，从而提高换热效率。此外，由于操作不当在不完全燃烧时会导致炭灰积存，引发省煤器管外二次燃烧事故。

阀门 V19、V20 和 V21 是上汽包现场水位器的排放阀、液相连通阀和汽相连通阀。上汽包液位是锅炉运行状况的重要参数，既不能超高也不能超低。因此除了电动远传液位计外，还需独立安装现场水位计。为了保持水位计准确无误，应定期检查汽相连通及液相连通是否通畅。此项工作称"叫水"。

三、操作、指示与控制仪表说明

图 11-5 是控制组画面，图 11-6 是大型工业锅炉及烟筒画面，图 11-7 是锅炉内部结构画面，有关操作、指示与控制仪表位号说明如下。

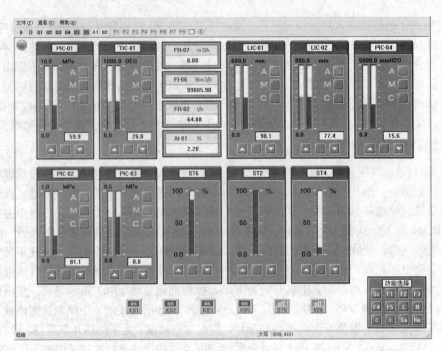

图 11-5 控制组画面

涂有航标色环的锅炉烟筒

← 大型工业锅炉

图 11-6 大型工业锅炉及烟筒画面

1. 指示仪表

FR-01	锅炉上水流量	t/h	FR-02	过热蒸汽输出流量	t/h
FR-03	减温水流量	t/h	FI-07	燃料油流量	m³/h
FI-04	软化水流量	t/h	FI-06	烟气流量	m³/h（标准状况）
FI-08	至催化除氧水流量	t/h	PI-02	锅炉上水压力	MPa

文件(F) 查看(V) 帮助(H)

▶ ‖ G1 G2 G3 G4 C1 T1 A1 SC P1 P2 P3 P4 P5 P6 P7 P8 □ ©

锅炉内部结构

正在吊装的垂直水冷壁
↓

安装中的锅炉省煤器组 ↑

↑ 上汽包与下汽包

就绪   大写 (24T, 16)

图 11-7 锅炉内部结构画面

PI -03	炉膛压力	mmH$_2$O	PI -04	鼓风压力	mmH$_2$O
PI -05	烟气出口压力	mmH$_2$O	PI -01	上汽包压力	MPa
TI -07	炉膛烟温	℃	TI -01	省煤器入口东烟温	℃
TI -11	排烟段西烟温	℃	AI -01	烟气含氧量	%

2. 控制器及控制阀

PIC-01	主蒸汽压力控制器	MPa	PIC-02	高压瓦斯压力控制器	MPa
PIC-03	液态烃压力控制器	MPa	PIC-04	除氧器压力控制器	mmH$_2$O
LIC-01	上汽包水位控制器	mm	LIC-02	除氧器水位控制器	mm
TIC-01	过热蒸汽温度控制器	℃	C1	除氧器压力控制阀	
C2	除氧器液位控制阀		C3	上汽包水位控制阀	
C4	蒸汽温度控制阀(A)		C5	蒸汽温度控制阀(B)	
C6	蒸汽压力控制阀		C7	高压瓦斯压力控制阀	
C8	高压瓦斯压力控制阀				

（控制阀 C1～C8 在画面中未直接标出，可以通过相关控制器的输出找到）

3. 手操器

ST1	鼓风机出口遥控挡板	ST2	烟汽量遥控挡板
ST3	排烟遥控挡板	ST4	燃料油遥控阀
ST6	主蒸汽阀	HV-3	高压泵再循环阀
HV-5	低压泵再循环阀	HV-11	给水小旁路阀
HV-22	下汽包放水阀	HV-23	事故放水阀
HV-24	连续排污阀	HV-25	定期排污阀
HV-29	排空阀	HV-30	过热器疏水阀

HV-32　　　隔离阀

4. 开关及快开阀门

ST5	烟气至烟筒遥控阀	V1	高压泵入口阀
V2	低压泵入口阀	V4	除氧器水平衡阀
V6	低压泵出口阀	V7	再沸腾阀
V8	除氧器平衡阀	V9	高压泵出口阀
V10	给水大旁路阀	V12	给水管路放水阀
V13A	减温器放水阀	V13B	省煤器放水阀
V14	压缩风分珠阀	V15A	压缩风升珠阀
V15B	压缩风落珠阀	V16	压缩风疏水阀
V17	再循环阀	V18	减温器回水阀
V19	水位计放水阀	V20	水位计水阀
V21	水位计汽阀	V26	上汽包放空阀
V27	过热器放空阀	V28	反冲洗阀
V31	隔离阀旁路阀	V33	蒸汽管排水阀
V34	主蒸汽阀旁路阀	V35	低压瓦斯总阀
V36	喷射器高压入口阀	V37	喷射器低压入口阀
V38	喷射器出口阀	V39	4 号高压瓦斯气阀
V40	3 号高压瓦斯气阀	V41	5 号中压瓦斯气阀
V42	2 号中压瓦斯气阀	V43	6 号高压瓦斯气阀
V44	1 号高压瓦斯气阀	V45	4 号油枪扫线阀
V46	4 号油枪进油阀	V47	3 号油枪进油阀
V48	3 号油枪扫线阀	V49	5 号油枪扫线阀
V50	5 号油枪进油阀	V51	2 号油枪进油阀
V52	2 号油枪扫线阀	V53	6 号油枪扫线阀
V54	6 号油枪进油阀	V55	1 号油枪进油阀
V56	1 号油枪扫线阀	V57	回油扫线阀
V58	回油阀	V59	大水封上水阀
V60	小水封上水阀	V61	大水封放水阀
K01	锅炉给水高压泵开关	K02	低压水泵开关
K03	鼓风机开关	K04	加药泵开关
K05	燃料油泵开关		

5. 报警限说明

TIC-01	过热蒸汽温度	>460	℃	(H)
TIC-01	过热蒸汽温度	<435	℃	(L)
PIC-01	过热蒸汽压力	>3.95	MPa	(H)
PIC-01	过热蒸汽压力	<3.50	MPa	(L)
LIC-01	上汽包液位	>375	mm	(H)
LIC-01	上汽包液位	<225	mm	(L)
PI-02	锅炉上水压力	>6.5	MPa	(H)
PI-02	锅炉上水压力	<4.8	MPa	(L)
TI-11	省煤器出口烟温	>200	℃	(H)

TI-11	省煤器出口烟温	<150	℃	(L)
LIC-02	除氧器液位	>500	mm	(H)
LIC-02	除氧器液位	<300	mm	(L)
AI-01	烟气含氧量	>3.0	%	(H)
AI-01	烟气含氧量	<0.8	%	(L)
AI-01	烟气含氧量	<0.5	%	(LL)
PI-03	炉膛压力	>210	mmH_2O	(H)
PIC-04	除氧器压力	<1800	mmH_2O	(L)
PIC-02	高压瓦斯压力	<0.2	MPa	(L)

四、冷态开车操作说明

1. 启动前阀位检查

检查所有的阀门、手操器和开关都处于关闭状态，所有控制器置手动且输出为零。

2. 除氧器投运

① 将控制器 LIC-02 置手动状态，手动输出向除氧器充水，使液位指示达 400 mm 停止充水。开再沸腾阀 V7，加热到 100℃（根据 PIC-04 压力约大于 100～300 mmH_2O 推断）后关再沸腾阀。

② 将控制器 LIC-02 置自动（给定值设为 400 mm）。

③ 将控制器 PIC-04 置手动状态，操纵手动输出，使除氧器压力升至 1000 mmH_2O。

④ 全开低压泵入口阀 V2（可移至开车正常后进行）。

⑤ 启动低压泵电机 K02（可移至开车正常后进行）。

⑥ 开低压泵出口阀 V6，调 HV-5 使 FI-08 流量为 100t/h 左右（可移至开车正常后进行）。

3. 锅炉上水

① 开上汽包放空阀 V26，开过热段高点放空阀 V27，开排空手操阀 HV-29 约 50%。

② 上汽包水位控制器 LIC-01 置手动，全关省煤器给水控制阀 C3。

③ 开启高压泵入口阀 V1，启动高压泵开关 K01，开高压泵出口阀 V9。

④ 必要时可通过高压泵循环阀 HV-3 调泵出口压力。

⑤ 缓开给水控制阀的小旁路阀 HV-11，手控上水（注意上水流量不得大于 10 t/h，因为锅炉的各部件容水量达 50t/h，上水过快，排气不畅，会导致局部受压，损坏设备）。

⑥ 待水位升至 250mm，关给水控制阀的小旁路阀 HV-11。

⑦ 开启省煤器和下汽包再循环管线上的再循环阀 V17，开启 V18。

⑧ 将上汽包水位控制器 LIC-01 投自动，给定值调至 300mm。

⑨ 将除氧器压力控制器 PIC-04 投自动，给定值设为 2000 mmH_2O。

4. 燃料系统投运

① 将高压瓦斯压力控制器 PIC-02 置手动，手控高压瓦斯压力达到 0.3MPa。投自动，给定值设为 0.3MPa（如果只烧液态烃，此控制器关闭）。

② 将液态烃压力控制器 PIC-03 投自动，给定值设为 0.3MPa（如果只烧高压瓦斯，此控制器关闭）。

③ 开低压瓦斯总阀 V35。

④ 开文丘里抽气泵高压入口阀 V36。

⑤ 开文丘里抽气泵出口阀 V38。

⑥ 开文丘里抽气泵低压入口阀 V37。

⑦ 开回油阀 V58。

⑧ 开各油嘴扫线阀 V45、V48、V49、V52、V53、V56 和回油扫线阀 V57，5min 后关各扫线阀。

⑨ 开燃料油遥控阀 ST4。

⑩ 开启油泵 K05，建立炉前油循环。

5. 锅炉点火

① 检查上汽包及过热段高点放空阀 V26、V27 及排空阀 HV-29 是否开启。

② 全开风机出口挡板 ST1。

③ 全开烟道挡板 ST3。

④ 开启风机 K03 通风 5min，使炉膛不含可燃气体。

⑤ 将烟道挡板 ST3 调至 20%左右。

⑥ 置上汽包压力控制器 PIC-01 为手动，开 PIC-01 输出为 2%～3%，开点火准备工作 IG1、IG2、IG3（点火准备工作包括一系列操作，此处非点火器概念。所以打开后不得关闭，否则灭火）。开炉前根部阀 V44、V42、V40，将 1、2、3 号燃气烧嘴点燃。

⑦ 开 IG4、IG5、IG6 和 V39、V41、V43，将 4、5、6 号燃气火嘴点燃。

⑧ 开过热器疏水阀 HV-30，保护过热段。

⑨ 手动控制 PIC-01 输出约 2%，等待锅炉缓慢升温。保持升温速率小于 2℃/s。当锅水开始汽化，由各排放点排入扩容器，上汽包水位有所下降，处于自控的 LIC-01 将以等量的上水加以补充。即通过上水流量可以折算排空蒸汽流量。此过程应持续一定时间，称为"置换"，目的在于将锅炉水汽系统中的空气通过汽化的蒸汽置换掉，提高产汽质量。

6. 锅炉升压

升压方法是手动控制 PIC-01 输出（只能用慢挡）。PIC-01 的输出控制着 4 个高压燃气烧嘴的负荷。其最大能力可产出约 28t/h 合格蒸汽。若要继续提高负荷，必须启用燃油烧嘴或烟气烧嘴。

① 冷态锅炉由点火达到并汽条件，时间应严格控制，不得小于 3～4h，升压应缓慢平稳。在仿真器上为了提高培训效率，缩短为 30min 左右。其间严禁关小过热器疏水阀和排汽阀，严禁赶火升压，以免过热器管壁温度急剧上升和对流管束胀口渗水等现象发生。

时间顺序	汽包压力/MPa	实际时间/min	仿真时间/min	升压速度/（MPa/h）
1	0～冒汽	50～70	7	—
2	冒汽 ～0.3	25～40	5	0.6
3	0.3 ～ 1.0	55～70	7	0.7
4	1.0 ～ 2.0	25～30	4	2.0
5	2.0 ～ 3.5	25～30	4	3.0

② 开加药泵 K04。上汽包压力控制器 PIC-01 的手动输出必须维持在小开度。

③ 压力在 0.1～0.8 MPa 时，冲洗水位计一次（参见操作要点）。

④ 压力在 0.3～0.8 MPa 时，定期排污一次，缓慢开 HV-25 片刻，缓慢关 HV-25。调整排空阀 HV-29（50%～80%），同时手动控制压力控制器 PIC-01 手动输出，保持压力不下降（或暂时将控制器 PIC-01 投自动）。

⑤ 压力在 0.3～0.8 MPa 时，下汽包排污一次，缓慢开 HV-22 片刻，缓慢关 HV-22。调整排空阀 HV-29（50%～80%），同时手动控制压力控制器 PIC-01 手动输出，保持压力不下降（或暂时将控制器 PIC-01 投自动）。

⑥ 压力在 1.5 MPa 时，根据上水量估计排空蒸汽量。关过热段高点放空阀与上汽包放空阀 V27、V26。

⑦ 过热蒸汽温度达 400℃时投入减温器，手动控制 TIC-01 的输出为 50%（按分程控制原理，控制器 TIC-01 的输出为 0 时，减温器控制阀开度为 0%，省煤器给水控制阀开度为 100%。TIC-01 输出为 50%，两阀各开 50%，TIC-01 输出为 100%，减温器控制阀开度为 100%，省煤器给水控制阀开度为 0%）。

⑧ 通过上水流量折算产汽流量，此流量受控于排空阀 HV-29，应控制在 15～20t/h 为宜。压力升至 3.6 MPa 后，保持此压力达到平稳，5min 后，准备锅炉并汽。

7. 锅炉并汽

① 检查蒸汽温度不低于 420℃。

② 调整上汽包水位为 250～300mm。

③ 调整过热蒸汽压力低于母管压力 0.1～0.15MPa（3.60～3.65MPa）。

④ 开主汽阀旁路阀 V34。

⑤ 开隔离阀旁路阀 V31，开蒸汽管排凝阀 V33，待水排空后关 V33、V31 和 V34 阀。

⑥ 缓慢开主汽阀 ST6（负荷阀）约 5%。

⑦ 缓慢开隔离阀 HV-32，压力平衡后全开隔离阀。

⑧ 此时若压力趋于升高或下降，通过压力控制器 PIC-01 手动调整。

⑨ 手调蒸汽压力达到 3.8MPa 后，将压力控制器 PIC-01 投自动，给定值设为 3.8MPa。

⑩ 此时蒸汽已在过热段中流动，不必进行过热保护，逐渐关疏水阀 HV-30。

⑪ 逐渐关排空阀 HV-29。为了使工况稳定，注意同时按交替的方法关 HV-29 少许，即开 ST6 少许，至 HV-29 全关。置换过程完成，且排空的蒸汽全部并入蒸汽母管。

⑫ 此时上水已在省煤器中流动，不必进行过热保护，关再循环阀 V17。

⑬ 缓慢手控主汽阀 ST6，提升燃烧负荷，使产汽量达到 20t/h 左右。

⑭ 并汽后进行一次钢珠除灰（参见操作要点）。

8. 锅炉负荷提升

① 检查燃油手操阀 ST4 位于小开度，全开 6 个燃油烧嘴阀 V46、V55、V47、V55、V50、V51。手控主汽阀 ST6，使负荷升至 35t/h。

② 同时观察蒸汽压力控制器 PIC-01 的输出，如果大于 90%，则说明燃料气气量已不足，必须开大油量加以补充。燃油量通过遥控手操阀 ST4 手动控制。

③ 缓慢手调主汽阀 ST6 提升负荷，注意操作的平稳度。提升速度每分钟不超过 3～5t/h。提升过程中密切注意 PIC-01 的输出不得过大，过大即增加油量，直至负荷升至 65t/h。

④ 手动 TIC-01 调整蒸汽温度达到 440℃后，投自动，将减温控制器 TIC-01 给定值设为 440℃。

⑤ 手动调整烟道挡板 ST3，使烟气含氧量 AI-01 在 1%～3%。

⑥ 关烟气大水封进水阀门 V59（将大水封中的水排空），为导入烟气做准备。

⑦ 等待炉膛温度高于 890℃，此时可以导入从催化裂化（FCCU）来的高温 CO 烟气。操作要点是：在逐渐开大烟气阀 ST2 的同时，关小部分燃油阀 ST4，并且保持系统平稳。同时注意适度开大烟道挡板 ST3，使锅炉烟气含氧量 AI-01 在 1%～3%。当导入烟气流量 FI-06 大于 98000 m³（标准状况）/h 以后关 ST5。

9. 锅炉正常运行

① 负荷升至 65t/h 后，保持额定值（65±0.5）t/h。调整烟道挡板 ST3，使烟气含氧量维持在 2%左右。

② 蒸汽温度保持在（440±5）℃范围内。

③ 均衡进水，保持正常水位，使给水量和蒸汽负荷达到平衡。汽包水位控制在：正常（300±30）mm，异常（300±75）mm。

④ 过热蒸汽压力：（3.8±0.05）MPa。

⑤ 给水压力保持在 4.8～5.5 MPa。

⑥ 炉膛压力小于 200 mmH$_2$O 。

⑦ 排烟温度：油气与 CO 烟气混烧，正常值 200℃左右，最高 250℃；油气混烧，正常值 180℃以下。

⑧ 烟道汽氧含量：0.9%～3.0 %。

⑨ 燃料气压力：0.29～0.31 MPa。

⑩ 除氧器压力：（2000±100）mmH$_2$O。

⑪ 除氧器液位：（400±30）mm。

五、操作要点

1. 锅炉水位调整

① 在正常运行中，不允许中断锅炉给水。

② 当给水自动控制投入运行时，仍应经常监视锅炉水位的变化，保持水量变化平稳，避免调整幅度过大或过急。要经常对照给水流量与产汽量是否相符。若给水自动调整失灵，应改为手动调整给水。

③ 在运行中应经常监视给水压力和给水温度的变化。通过高压泵循环阀调整给水压力；通过除氧器压力间接调整给水温度。

④ 汽包水位计每班冲洗一次，冲洗步骤是：

- 开放水阀 V19，冲洗汽、水管和玻璃管；
- 关水阀 V20，冲洗汽管及玻璃管；
- 开水阀 V20，关汽阀 V21，冲洗水管；
- 开汽阀 V21，关放水阀 V19，恢复水位计运行（关放水阀时，水位计应很快上升，并有轻微波动）。

⑤ 冲洗水位计时的安全注意事项　冲洗水位计时要注意人身安全，穿戴好劳保用具，要背向水位计，以免玻璃管爆裂伤人。关闭放水阀时要缓慢，因为此时水流量突然截断，压力会瞬时升高，容易使玻璃管爆裂。防止工具、汗水等碰击玻璃管，以防爆裂。

2. 汽压和汽温的调整

① 为确保锅炉燃烧稳定及水循环正常，锅炉蒸发量不应低于 40t/h。

② 增减负荷时，应及时调整锅炉蒸发量，尽快适应系统的需要。

③ 在下列条件下，应特别注意调整：

- 负荷变动大或发生事故时；
- 锅炉刚并汽增加负荷或低负荷运行时；
- 启停燃料油泵或油系统有操作时；
- 投入或解列油头时；
- 单炉、单机运行时；
- CO 烟气系统投运时；
- 燃料油投运和停止时；
- 各种燃料阀切换时；

- 停炉前减负荷时或炉间过渡负荷时。

④ 手动调整减温水量时，不应猛增猛减。

⑤ 锅炉低负荷时，酌情减少减温水量或停止使用减温器。

3. 锅炉燃烧的调整

① 运行中，应根据锅炉负荷合理地调整风量，在保证燃烧的条件下，尽量降低过剩空气系数，降低锅炉电耗。

② 在运行中，应根据负荷情况，采用"多油枪，小油嘴"的运行方式，力求各油枪喷油均匀，压力在 1.5MPa 以上，投入油枪时应当左、右、上、下对称。

③ 在锅炉负荷变化时，应及时调整油量和风量，保持锅炉的汽压和汽温稳定。在增加负荷时，先加风后加油；在减负荷时，先减油再减风。

④ CO 烟气投入前，要烧油或瓦斯，使炉膛温度提高到 890℃ 以上，或锅炉负荷为 25t/h 以上，燃烧稳定，各部温度正常，并报告厂级调度联系。当 CO 烟气达到规定指标时，方可投入。

⑤ 在投入 CO 烟气时，应慢慢增加 CO 烟气量，CO 烟气进炉控制蝶阀后压力比炉膛压力高 30mmH$_2$O，保持 30min，而后再加大 CO 烟气量，使水封罐等均匀预热。

⑥ 凡停烧 CO 烟气时应注意加大其他燃料量，保持原负荷。停用 CO 烟气后，水封不得立即上水，以免急剧冷却造成水封罐内层钢板和衬筒严重变形或裂开。

4. 锅炉排污

① 定期排污在负荷平稳、高水位情况下进行。事故处理或负荷有较大波动时，严禁排污。若引起低水位报警时，连续排污也应暂时关闭。

② 每次定排回路的排污持续时间不准超过半分钟，不准同时开启两个或更多的排污阀门。

③ 排污前，应做好联系；排污时，应注意监视给水压力和水位变化，维持正常水位；排污后，应进行全面检查，确认各排污门关闭严密。

④ 不允许两台或两台以上的锅炉同时排污。

⑤ 在排污过程中，如果锅炉发生事故，应立即停止排污。

5. 钢珠除灰

① 锅炉尾部受热面应定期除尘　当燃 CO 烟气时，每天除尘一次，在后半夜进行。不烧烟气时，每星期一后夜班进行一次。停烧 CO 烟气时，增加除尘一次。若排烟温度不正常升高，适当增加除尘次数。每次 30min。

② 钢珠除尘前，应做好联系。吹灰时，应保持锅炉运行正常，燃烧稳定，并注意汽温、汽压变化。

③ 钢珠除灰操作

- 开启工业风疏水阀 V16，将存水放尽。
- 开分离器风门 V14，松动钢珠。
- 开启升珠管风门 V15A（调整风压在 0.2～0.25MPa 之间），然后缓慢开启落珠门 V15B，调整珠量均衡。
- 除尘完毕后，先关落珠门 V15B，待升珠管内无钢珠后，关闭各风门。

6. 自动控制装置运行

① 锅炉运行时，应将自动控制装置投入运行。投入自动控制装置应同时具备下列条件：

- 自动控制装置的控制机构完整好用；
- 锅炉运行平稳，参数正常；

- 锅炉蒸发量在 30t/h 以上。

② 自动控制装置投入运行时，仍需监视锅炉运行参数的变化，并注意自动控制装置的动作情况，避免因失灵造成不良后果。

③ 遇到下列情况，解列自动控制装置，改自动为手动操作：

- 当汽包水位变化过大，超出其运行变化范围时；
- 锅炉运行不正常，自动控制装置不能维持其运行参数在允许范围内变化或自动失灵时，解列有关自动装置；
- 外部事故，使锅炉负荷波动较大时；
- 外部负荷变动过大，自动控制跟踪不及时；
- 控制系统有问题。

六、停炉操作说明

1. 停炉前的准备

① 停炉前，对锅炉各部分进行一次全面详细的检查。

② 进行一次彻底的吹灰、排污及冲洗水位计。

③ 减负荷前，停加药泵。

④ 减负荷前，报告厂级调度并通知汽机、邻炉、司泵联合配合，平稳地做好负荷转移。

2. 停炉程序

① 逐渐降低锅炉负荷。

② 当烧油时，在降低负荷过程中，要逐个解列油枪，并尽量使未解列的油枪对称，解列后要用蒸汽吹扫干净。

③ 解列燃烧器时，要注意控制水位及汽温的平稳，当自动控制不能跟踪时，应立即改自动为手动。

④ 如燃料油、燃料气与 CO 烟气混烧时，应按 CO 烟气、燃料油、燃料气顺序解列，最后关闭总阀。

⑤ 燃料停止后，逐渐关闭主汽门。开启主汽门前疏水阀。

⑥ 停运风机，将风机挡板、烟道挡板关闭。

⑦ 关闭连续排污阀。

⑧ 将汽包水位升到最高水位（+75mm），关闭给水阀。停止上水时开再循环阀。

⑨ 开回油管扫线阀，将残油扫至燃料油罐后关闭。

3. 停炉后冷却

① 当蒸汽压力下降较快时，应关小或关闭疏水阀，使压力平缓下降。降压时间不少于 3～4h。仿真培训为了节省时间降压时间为 20～30min。

② 在锅炉尚有汽压和余压时，仍注意保持锅炉水位，并监督锅炉全面状况。停炉后，锅炉给水时先关闭再循环阀，给水仍经省煤器；在停止给水时，再开启再循环阀。

③ 正常停炉

停炉后，在 12h 内将锅炉密闭，防止锅炉急剧冷却（仿真时间按教师要求缩短）。

12h 后，可开烟道挡板自然通风，并进行上水、放水一次。

10h 后，锅炉再上水、放水一次。

当压力降至 0.1MPa 时，应开启汽包和过热器排空阀。

当压力降至 0 MPa 或炉水温度不超过 80℃时，可将水放净。

④ 紧急冷却

停炉 5h 后（仿真时间应缩短），可启动风机和开启烟道挡板，加强通风。在启动风机 1h（仿真 5min）内，风机挡板开度控制在 10%～15%，2h（仿真 10min）内控制在 25%；3h（仿真 15min）后可开至 50%。

增加锅炉上、放水次数。

⑤ 在锅炉压力尚未降至大气压时，不得停止对锅炉机组及辅助设备的监视；在电机为切断电源时，也不得停止监视。当确认尾部受热面没有再燃的可能以及水温低于 100℃后，方可停止监视。

七、事故设置及排除

1. 锅炉满水（F2）

事故现象 水位计液位指示突然超过可见水位上限（+300mm），由于自动控制，给水量大减。

事故原因 水位计没有注意维护，暂时失灵后正常。

排除方法 本事故属于严重满水，必须停炉放水，待水位正常后，恢复运行。

2. 锅炉缺水（F3）

事故现象 锅炉水位逐渐下降。

事故原因 给水泵出口的给水控制阀阀杆卡住，流量小。

排除方法 改用给水控制阀的大、小旁路阀手动控制给水。

3. 锅炉灭火（F4）

事故现象 燃气火嘴全部熄灭，汽压、汽温下降。

事故原因 燃料气断。

排除方法 关闭燃料气系统，改投油枪。

4. 电源中断（F5）

事故现象 突发性出现风机停、高低压泵停、油泵停、锅炉灭火等综合性现象。

事故原因 电源中断。

排除方法 停炉。

5. 减温器坏（F6）

事故现象 过热蒸汽温度降低，减温水量不正常减少，蒸汽温度控制器不正常，出现忽大忽小的振荡。

事故原因 减温器出现内漏，减温水进入过热蒸汽，使汽温下降。此时汽温为自动控制状态，所以减温水控制阀关小，上汽温回升，控制阀再次开启。如此往复形成振荡。

排除方法 降低负荷。将汽温控制器打手动，并关减温水控制阀。改用过热器疏水阀暂时维持运行。

（以下为仿真中非可选事故，目的在于介绍锅炉常见故障）

6. 水位计损坏

现象 实际给水量减小，但控制器的水位计指示不变。现场玻璃管水位计正常。

原因 自动控制用水位计坏。

排除方法 改用现场水位计，靠手动调整水位。

7. 汽水共沸

现象　水位波动，过热器温度急剧下降。

原因　炉内加药量过大，使蒸汽和炉水含药量增大，即炉水电导率增大，蒸汽含钠量增加。

排除方法　停止加药，开连排阀，必要时可开事故放水阀或其他排污阀，加强上水。注意水位和汽温的变化，故障排除后，应冲洗水位计，恢复加药。

8. 对流管坏

现象　水位下降，蒸汽压下降，给水压力下降，烟温下降。

原因　对流管开裂，汽水漏入炉膛。

排除方法　汽水泄漏较大，不能保持水位，必须停炉处理。

9. 过热器坏

现象　蒸汽流量小于给水流量，低温段后的烟温有所降低。

原因　过热器低温段坏，蒸汽漏入炉膛。

排除方法　降低负荷，暂时维持运行。

10. 蒸汽管坏

现象　给水量上升，但蒸汽量反而略有下降，给水量、蒸汽量不平衡，炉负荷呈上升趋势。

原因　蒸汽流量计前部蒸汽管爆破。

排除方法　停炉处理。

11. 给水管坏

现象　上水不正常减小，除氧器和锅炉系统物料不平衡。

原因　上水流量计前给水管破裂。

排除方法　停炉，停水。

12. 二次燃烧

现象　排烟温度不断上升，超过250℃，烟道和炉膛正压增大。

原因　省煤器处发生二次燃烧。

排除方法　停炉，关闭风机和烟道挡板，隔断空气，用油枪蒸汽吹扫炉膛。

13. 负荷骤减

现象　锅炉汽压急剧上升，蒸汽流量减小，过热蒸汽温度升高。

原因　蒸汽用户减少，负荷下降。

排除方法　及时减小加热量，保持锅炉系统的平衡。

14. 烟气带油

现象　烟色计黑色报警，汽压升高。

原因　烟气中带油。

排除方法　停烧 CO 烟气，改烧油、气燃料。

15. 蝶阀事故

现象　烟气含氧量上升，调整烟道挡板不起作用。

原因　烟道挡板坏，开度小，不能调整。

排除方法　修理挡板。

16. 省煤器坏

现象　给水流量大于蒸汽流量，排烟温度下降，炉膛压力增大。

原因　省煤器换热管开裂，给水漏入烟道。

排除方法　由于损坏不严重，可暂时减小给水量，降低负荷，维持运行。

17. 控制器坏

现象　除氧器水位控制器输出产生振荡。

原因　控制器坏。

排除方法　将控制器打手动调整。

18. 风机停运

现象　炉膛和烟道压力逐渐下降，趋于 0（mmH_2O）。

原因　风机停运。

排除方法　维修风机。

八、开车评分信息

本软件设有 3 种开车评分信息画面。

1. 简要评分牌

能随时按功能选择键盘的"Sc"键调出。本评分牌显示当前的开车步骤成绩、开车安全成绩、正常工况质量（设计值）和开车总平均成绩。为了有充分的时间了解成绩评定结果，仿真程序处于冻结状态。按键盘的"空格"键返回。

2. 开车评分记录

本画面记录了开车步骤的分项得分、工况评分的细节、总报警次数及报警扣分信息。详见图 11-8。

图 11-8　开车评分记录画面

3. 趋势画面

本软件的趋势画面记录了重要变量的历史曲线，可以与评分记录画面配合，对开车全过程进行评价。

九、开车评分标准

1. 开车步骤评分要点

① 上水前，除氧器必须开到正常 .... 8 分
② 开高压水泵 .... 5 分
③ 开各放空阀，上水流量不大于 10t/h .... 5 分
④ 点火前开风机、开挡板，提前通风 .... 5 分
⑤ 燃料气缓冲罐充压 .... 3 分
⑥ 开再循环阀 V17，保护省煤器 .... 5 分
⑦ 开加药泵 K04 .... 3 分
⑧ 点燃气烧嘴，升温必须缓慢，每秒温升不得大于 2℃ .... 8 分
⑨ 开疏水阀 HV-30，过热段保护 .... 5 分
⑩ 汽压小于 0.8MPa 时，开 HV-25 作定排 .... 3 分
⑪ 汽压小于 0.8MPa 时，开 HV-22 排污 .... 3 分
⑫ 汽压小于 0.8MPa 时，现场水位计排水（叫水） .... 3 分
⑬ 高压蒸汽管线排凝 .... 5 分
⑭ 完成并汽入网 .... 8 分
⑮ 并汽后，钢珠除尘一次 .... 5 分
⑯ 回油扫线，油嘴吹扫 .... 5 分
⑰ 投减温器 .... 5 分
⑱ 通烟气前关 V59，开 V60 .... 3 分
⑲ 必须在炉膛温度达 890℃以上投入烟气 .... 5 分
⑳ 正常运行时不得中断给水 .... 8 分

总计：98 分

2. 正常工况质量评分要点

① 蒸汽压力(PIC-01) 在 3.75～3.85 MPa .... 11 分
② 蒸汽温度(TIC-01) 在 435～445℃ .... 10 分
③ 上汽包水位在 270～330 mm .... 10 分
④ 给水压力(PI-02) 在 4.8～5.0 MPa .... 6 分
⑤ 除氧器压力在 1900～2100mmH_2O .... 6 分
⑥ 炉膛压力(PI-03)小于 200mmH_2O .... 6 分
⑦ 排烟段西烟温在 150～190℃ .... 6 分
⑧ 汽包压力(PI-01)在 PIC-01 满足时，不高于 4.5MPa .... 6 分
⑨ 高压瓦斯压力在 0.29～0.31 MPa .... 8 分
⑩ 上水量和产汽量应平衡，偏差在±0.5t/h 之内 .... 11 分
⑪ 除氧器水位在 370～430mm .... 8 分
⑫ 烟道气含氧量在 0.9%～3% .... 10 分

总计：98 分

思 考 题

1. 锅炉开车前的漏风试验如何进行？需要检查哪些部位的严密性？
2. 本锅炉水压试验的总容积是多少？正常运行时的总容积是多少？
3. 开车前如何进行炉膛吹扫？
4. 在没有温度显示的情况下，除氧器水温达到100℃以上的其他指标是什么？
5. 何为锅炉的"预紧"过程？锅炉上水的流量应控制在每小时多少吨以内？
6. 锅水从常温加热到正常工况，其体积膨胀折合成水位计上升多少毫米？
7. 锅炉通风正常后炉膛为什么呈正压，而烟道呈负压？
8. 燃料气缓冲罐起何作用？
9. 锅炉升温为什么必须缓慢进行？
10. 各燃烧器为什么要均匀对称点火？
11. 再循环阀（HV-17）在开车时起什么作用？
12. 过热器疏水阀（HV-30）在开车时起什么作用？
13. 什么是锅炉系统的"置换"过程？
14. 开车时为什么要开启上汽包放空阀、过热器放空阀和排空阀（HV-29）？
15. 并汽前如何估计排空的蒸汽流量？
16. 升压时为什么必须注意监视各承压部件的膨胀值？
17. 并汽的条件是什么？为什么必须在并汽前对相关管路进行排水？为什么并汽时压力应低于母管压力 0.1~0.2 MPa？
18. 升压过程中为什么必须试验和检定安全阀的控制压力及可靠性？
19. 并汽后提升负荷为什么应当缓慢增加？
20. 锅炉出口压力用什么手段控制？当此压力控制器的输出超过 85%~95%时，应当如何处理？
21. 投入燃油烧嘴或再生烟气为什么必须控制其流量从小到大缓慢进行？
22. 列表说明本锅炉的正常工况主要指标是什么？如何调整才能达到这些指标？
23. 现场水位计"叫水"的操作程序是什么？
24. 试述钢珠除尘的原理及操作程序是什么？
25. 锅炉排污的目的是什么？何为"连排"？何为"定排"？
26. 停炉前应进行哪些检查？
27. 减负荷为什么必须通知厂调度、汽机、邻炉和司泵等单位？
28. 平稳地进行负荷转移，主要应注意什么？
29. 关闭燃烧器为什么也要对称进行？燃气、燃油和烟气哪种先解列？
30. 停炉后为什么必须关闭风机挡板和烟道挡板？应封闭多少小时？
31. 停止上水后为什么需打开再循环阀？
32. 停油后，燃油系统吹扫一般需几小时？
33. 停炉保养期锅炉的防腐方法有几种？
34. 北方冬季停炉后锅炉系统如何防冻？
35. 在哪些事故状态下必须紧急停炉？
36. 锅炉的事故原因主要有哪些方面？
37. 造成锅炉满水的原因主要有哪些？如何判定虚假水位？
38. 汽水共沸时有何现象？是何原因？如何排除？

39. 水冷壁管损坏时可能有哪些现象?

40. 省煤器损坏可能是哪些原因所致?

41. 减温器损坏时有何现象? 结合温度控制原理加以分析。

42. 何为二次燃烧? 有何现象? 说明排除方法。

43. 电源中断如何紧急处理?

44. 外部蒸汽负荷骤减有何现象? 如何处理?

45. 锅炉为什么必须使用软化、除氧水?

46. 简述水中常见杂质对锅炉的危害。

47. 锅炉用水的主要指标是哪几种?

48. 何为饱和水蒸气? 何为过热水蒸气?

49. 具有潜热的锅水在压力瞬间下降到外界大气压时,其容积扩大多少倍? 具有多大的爆炸威力?

50. 锅炉的热损失主要有哪几项?

51. 锅炉的热效率如何定义?

52. 什么是锅炉水位三冲量控制? 与本锅炉的单回路控制比有何优点?

53. 本锅炉的重要控制参数有哪些? 如何控制?

54. 仪表风中断会引起哪些仪表故障? 可能导致哪些事故?

55. 本锅炉主要由哪些结构部件组成?

56. 锅炉是既受热又受压的设备,在材料、结构和控制上应当考虑哪些因素?

57. 简述锅炉用弹簧式和杠杆式安全阀的结构原理。

58. 锅炉的支承为什么必须有一端滑动?

59. 上、下汽包的机械加工有何特殊要求?

60. 给水止逆阀起何作用? 连续排污阀安装在什么位置?

第十二章
石油炼制常压减压蒸馏装置

一、常压减压蒸馏装置概述及工艺流程说明

1. 装置概述

装置主要设备有 30 台，各类设备参数如下。

（1）加热炉 2 台

常压炉 1 台，138, 160, 000 kJ/h

减压炉 1 台，75, 360, 000 kJ/h

（2）蒸馏塔 4 座

初馏塔（塔-1）　ϕ3000×26033 mm

常压塔（塔-2）　ϕ3800×34962 mm

汽提塔（塔-3）　ϕ1200×24585 mm

减压塔（塔-4）　ϕ6400/ϕ3200×38245 mm

（3）冷换设备 116 台（不包括空气预热器）

换热器 76 台，总换热面积 11495 m^2，其中用于发生蒸汽的有 1140 m^2，用于加热电脱盐注水 175 m^2；冷凝冷却器 40 台，总冷却面积 10180 m^2。

（4）泵 55 台

电动离心泵 42 台，蒸汽往复泵 1 台，计量泵 10 台，刮板泵 2 台。

（5）风机 1 台

（6）容器 33 个

（7）吹灰器 26 台

其中伸缩式 4 台，固定式 22 台。

2. 工艺流程说明

（1）原油换热系统

原油从油罐靠静位能压送到原油泵（1#、2#）进口，在原油泵进口注入利于保证电脱盐效果的破乳剂和新鲜水，经泵后再注入热水，然后分三环路与热油品换热到 110～120℃，进入电脱盐罐进行脱盐脱水。

原油在电脱盐罐内经 20000V 高压交流电所产生的电场力作用，微小的水滴聚集成大水滴，依靠密度差沉降下来，从而与原油分离。因原油中的盐分绝大部分溶于水中，故脱水其中也包括脱盐。

原油从电脱盐罐出来后注入 NaOH，目的是把原油残留的容易水解的 $MgCl_2$、$CaCl_2$ 转化为不易水解的 NaCl，同时中和原油中的环烷酸、H_2S 等，降低设备腐蚀速率，延长开工周期。然后经接力泵（01#，02#）后分三路，其中两路继续与热油品换热到 220～230℃后进初馏塔，另一路则先后经过炉-2、炉-1 对流室冷进料管加热到 210～220℃后进初馏塔。

电脱盐流程图画面见图 12-1。

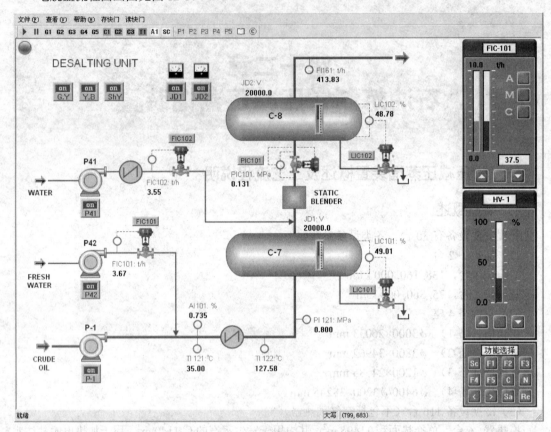

图 12-1　电脱盐流程图画面

（2）初馏系统

被加热至 220～230℃的原油进入初馏塔（塔-1）第 6 层（汽化段）后，分为汽液两相，汽相进入精馏段（第 6 层上至塔顶），液相进入提馏段（第 6 层下至塔底）。

初顶油气从塔顶出来，分 4 路进入冷-1/2-5，冷凝冷却到 30～40℃进入容-1。冷凝油经泵（14#、15#）后部分打回初馏塔顶第 26 层作冷回流，另一部分作重整料或汽油出装置；未冷凝的气体（低压瓦斯）去加热炉燃烧或向气柜放空（亦可以向塔-2 顶放空）。冷凝水（pH=8～9）部分用泵（45#、46#）注入挥发线，另一部分排入碱性水下水道。

初顶循环回流油从塔-1 第 22 层集油箱抽出。由泵（55#、56#）送去换-1/A、B，与脱盐前原油换热后返回塔-1 第 26 层。

初侧线从塔-1 第 18 层集油箱抽出，经泵（11#、18#）送入常压塔第 25 层（与常一中合并入常压塔）。

从塔-1 底出来的拔头油由泵（4#、5#）抽出，分两路与高温油品换热，换热至 295℃左右，合并，再分 4 路进入常压炉（炉-1）进行加热，加热到 364℃进入常压塔（塔-2）第 4 层。

初馏塔及常压炉流程图画面见图 12-2。

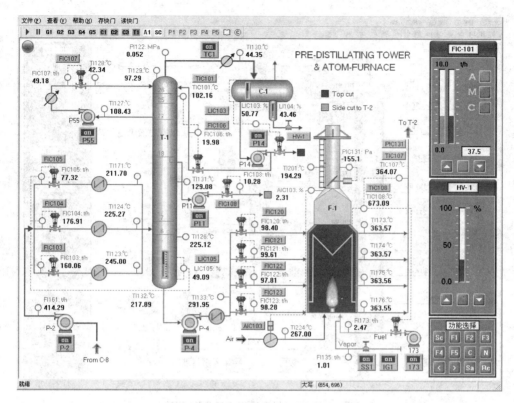

图 12-2　初馏塔及常压炉流程图画面

（3）常压系统

从炉-1 加热出来的油进入塔-2 汽化段后，汽相进入精馏段，在精馏段分馏切割出 4 个产品，液相进入提馏段，在塔底面上方吹入过热水蒸气作汽提用。

常顶油气、水蒸气从塔顶挥发线出来（在挥发线依次注入氨水、缓蚀剂、碱性水），分 7 路进入冷-2/1-7，冷却到 30～40℃，进入容-2 作油、水、气分离。容-2 分离出来的冷凝水（pH=8～9）部分用泵（45# 、46#）注入挥发线，另一部分排入碱性水下水道。不凝气（瓦斯）从容-2 顶出来与初顶瓦斯汇合去炉子燃烧或向气柜放空（亦可以向塔-2 顶放空）。常顶汽油由泵（16#、17#）抽出，部分打回塔-2 顶作冷回流，另一部分经混合注碱、水洗进入容-27 汽油沉降罐，沉降碱渣后出装置。常顶油亦可作重整料出装置。

常压二线自塔-2 第 27 层馏出，经塔-3 上段汽提，油气返回塔-2 第 29 层，馏出油由泵（20#）抽出，经换-3、冷-5 冷却至 40～45℃进入煤油沉降罐，作航煤或灯油出装置。

常压三线自塔-2 第 17 层馏出，进入塔-3 中段汽提，油气返回塔-2 第 19 层，馏出油由泵（22#）抽出，经预-2、换-5、冷-6 冷却到 60～80℃后与碱液混合进入柴油电离罐容-34、35，在罐内 15～20kV 高压直流电场作用下沉降分离碱渣，再进入柴油沉降罐容-30，沉降后作轻柴油出装置。

常压四线自塔-2 第 9 层馏出，进入塔-3 下段汽提，油气返回塔-2 第 11 层，馏出油由泵（23#）抽出，经换-7、冷-7 冷却后作催化料出装置（塔-2 过汽化油自塔-2 第 7 层馏出与常四合并进塔-3 下段）。

常顶循环回流自塔-2 第 36 层馏出，由泵（17#）抽出，经换-2 与原油换热后返回塔-2 第 39 层。

常一中回流自塔-2 第 23 层馏出，由泵（12#）抽出，经换-4 返回塔-2 第 25 层。

常二中回流自塔-2 第 13 层馏出，由泵（19#）抽出，经换-6 与软化水换热后返回塔-2 第 15 层。

常压塔底重油由泵（5）抽出，分 4 路进入炉-2 加热。

常压塔及汽提塔流程图画面见图 12-3。

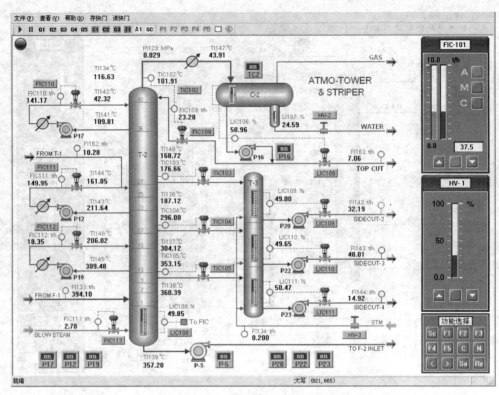

图 12-3　常压塔及汽提塔流程图画面

（4）减压系统

从炉-2 加热出来的常底油（395℃）进入塔-4 第 4 层，在塔内 93～98kPa 真空度下进行减压分馏。

塔-4 顶油气、水蒸气由挥发线引出（为了防腐注有氨水），分 3 路进入冷-3-1/A、B、C 冷却，冷凝油水流入容-4 进行油水分离，未冷凝油汽被一级蒸汽抽空器送入冷-3-2/A、B 冷却，冷凝液进入容-4，未冷凝气被二级蒸汽抽空器送入冷-3-3/A、B 、C 冷却，冷凝液进入容-4 ，最后的不凝气引到炉子燃烧，或向塔-4 顶放空排入大气。

减压一线自塔-4 全凝段集油箱馏出，由泵（25#）抽送去与炉用空气预热，然后进入冷-8 冷却至 45～60℃，部分打回塔-4 顶作冷回流，另一部分作重柴油或催化料出装置。

减压三线自塔-4 第 17 层集油箱馏出，由泵（26#）抽出，经换-8、冷-9 冷却至 60～80℃，作加氢裂化或催化原料，进冷-9 前一部分打回塔-4 作减二回流。冷-9 出口引一支路去作重质封油用。

减压三线自塔-4 第 11 层 馏出，由泵（28#） 抽出后，一小部分作减三轻洗油打回塔-4 第 10 层，另外大部分减三油经换-9，一部分作减三回流打回塔-4 第 16 层，另一部分油经冷-10 冷却至 60～80℃，作加氢裂化或催化原料出装置。冷-10 出口引一支路去作重质封油用。

减压四线自塔-4 第 6 层集油箱馏出，由泵（29#）抽出经换-10，一部分作燃料油到炉子燃烧，另一部分经冷-11 冷却至 70～80℃作燃料油或催化料出装置。

塔底渣油由泵（9#）抽出，经换-11 换热后进入冷-12，然后作氧化沥青、焦化或丙烷脱沥青原料出装置（注：换-11-2/AB 出来引一支路到炉作出燃料油用）。

塔底通入过热水蒸气，目的是降低油气分压，提高拔出率。

减压炉流程图画面和减压塔流程图画面如图 12-4 和图 12-5 所示。

二、控制器说明

1　TIC106　　T-4 顶温，控制减一循流量（主调）　　　　　79℃　　　0～120

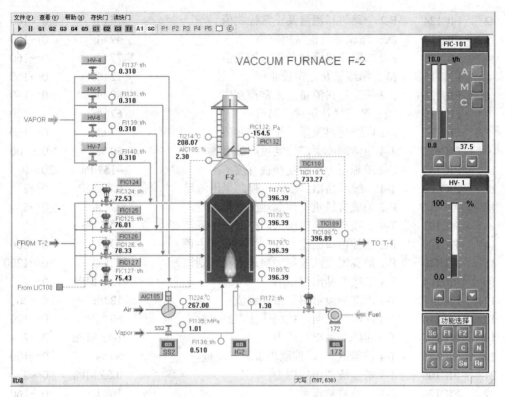

图 12-4　减压炉流程图画面

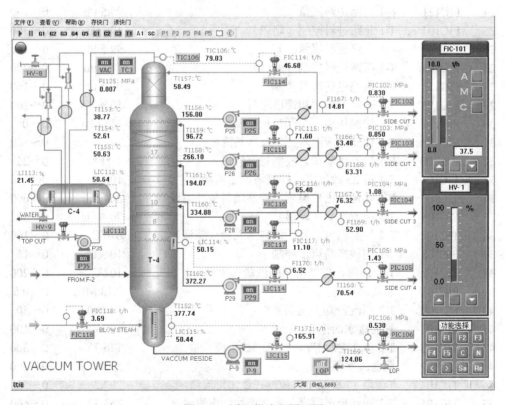

图 12-5　减压塔流程图画面

2	FIC124	F-2 一路进料流量及正常控制值	74 t/h	0~160
3	FIC114	减一循流量及正常控制值	49 t/h	0~100
4	FIC125	F-2 二路进料流量及正常控制值	77 t/h	0~160
5	FIC115	减二循流量及正常控制值	72 t/h	0~160
6	FIC126	F-2 三路进料流量及正常控制值	80 t/h	0~160
7	FIC116	减三循流量及正常控制值	67 t/h	0~100
8	FIC127	F-2 四路进料流量及正常控制值	77 t/h	0~160
9	LIC112	T-4 顶储罐液面，控制顶产品流量	50 %	0~100
10	PIC132	F-2 炉膛压力，控制挡板开度	−157 Pa	-220~0
11	PIC102	T-4 二线产品出口压力，控制采出流量	0.83 MPa	0~2
12	AIC105	F-2 炉膛含氧量，控制热空气进入量	2.3 %	0~25
13	PIC103	T-4 二线产品出口压力，控制采出流量	0.85 MPa	0~2
14	TIC109	F-2 热油出口温度，控制燃料量（主调）	393℃	0~600
15	TIC110	F-2 炉膛温度，控制燃料进入量（副调）	721℃	0~1200
16	PIC104	T-4 三线产品出口压力	1.08 MPa	0~2
17	FIC117	T-4 冲洗油流量用正常控制值	12 t/h	0~20
18	LIC114	T-4 冲洗段液面，控制四线产品流量	50 %	0~100
19	PIC105	T-4 四线产品出口压力	1.43 MPa	0~2
20	LIC115	T-4 塔釜液面，控制塔釜渣油流量	50 %	0~100
21	PIC106	T-4 塔釜渣油出口压力	0.53 MPa	0~2
22	FIC120	F-1 一路进料流量	108 t/h	0~160
23	FIC103	T-1 东路进料控制（副调）	159 t/h	0~300
24	FIC121	F-1 二路进料流量	99.5 t/h	0~160
25	FIC104	T-1 北路进料控制（副调）	176 t/h	0~300
26	FIC122	F-1 三路进料流量控制	99.5 t/h	0~160
27	FIC105	T-1 西路进料控制（副调）	77.3 t/h	0~200
28	FIC123	F-1 四路进料流量控制	98.5 t/h	0~160
29	LIC105	T-1 釜液面控制初馏塔进料（主调）	50 %	0~100
30	PIC131	F-1 炉膛压力，控制挡板开度	−157 Pa	-220~0
31	LIC103	T-1 顶储罐液面，控制顶产品流量	50 %	0~100
32	AIC103	F-1 炉膛含氧量，控制热空气进入量	2.41 %	0~25
33	TIC101	T-1 第 25 板温度，控制塔顶回流量（主调）	102℃	0~160
34	TIC107	F-1 热原油出口温度，控制燃料量（主调）	364℃	0~600
35	FIC106	T-1 回流控制（副调）	20.4 t/h	0~30
36	TIC108	F-1 炉膛温度，控制燃料进入量（副调）	670℃	0~1000
37	FIC108	T-1 侧线产品流量控制	10.3 t/h	0~16
38	TIC102	T-2 顶温，控制塔顶回流量（主调）	102℃	0~200
39	PIC101	脱盐罐压力控制	0.13 MPa	0~0.5
40	FIC109	T-2 回流控制（副调）	24.0 t/h	0~50
41	LIC101	脱盐罐水面控制	50 %	0~100
42	TIC103	T-2 第 27 板温度，控制二线出塔流量	176.7℃	0~300
43	LIC102	脱盐罐水面控制	50 %	0~100
44	TIC104	T-2 第 17 板温度，控制三线出塔流量	297.2℃	0~500
45	TIC105	T-2 四线出塔温度，控制四线出塔流量	353.3℃	0~600
46	LIC106	T-2 顶储罐液面，控制顶产品流量	50 %	0~100

47	LIC109	T-3 上汽提液面，控制二线产品流量	50 %	0～100
48	LIC108	T-2 釜液面，控制 F-2 进料流量	50 %	0～100
49	LIC110	T-3 中汽提液面，控制三线产品流量	50 %	0～100
50	LIC111	T-3 下汽提液面，控制四线产品流量	50 %	0～100
51	FIC110	T-2 顶循环回流量	141 t/h	0～260
52	FIC111	T-2 常一中回流量	150 t/h	0～260
53	FIC112	T-2 常二中回流量	18.3 t/h	0～50
54	FIC113	T-2 低吹蒸汽量	2.8 t/h	0～10
55	FIC107	T-1 顶循环流量	49.8 t/h	0～100
56	FIC118	T-4 低吹蒸汽量	3.7 t/h	0～10
57	FIC101	新鲜水注水流量	3.8 t/h	0～10
58	FIC102	注水流量	3.5 t/h	0～10

三、手操器说明

1	HV1	初馏塔回流罐排水阀
2	HV2	常压塔回流罐排水阀
3	HV3	汽提蒸汽阀
4	HV4	炉-2 油路注汽阀
5	HV5	炉-2 油路注汽阀
6	HV6	炉-2 油路注汽阀
7	HV7	炉-2 油路注汽阀
8	HV8	减压阀
9	HV9	减压塔顶罐放水阀

四、开关说明

1	SS1	F-1 雾化蒸汽兼吹扫
2	IG1	F-1 点火
3	173	F-1 燃油泵
4	P-2	初馏塔进料泵
5	P2B	初馏塔进料备用泵
6	P55	初馏塔顶循环泵
7	P56	初馏塔顶循环备用泵
8	P-4	初馏塔釜出料泵
9	P4B	初馏塔釜出料备用泵
10	P11	初馏塔侧线出料泵
11	P18	初馏塔侧线出料备用泵
12	P14	初馏塔回流泵
13	P15	初馏塔回流备用泵
14	P17	常压塔顶循环回流泵
15	P12	常压塔一中循环回流泵
16	P19	常压塔二中循环回流泵
17	P-5	常压塔釜出料泵
18	P5B	常压塔釜出料备用泵
19	P16	常压塔回流泵

20	P20	常压塔二线出料泵
21	P21′	常压塔二线出料备用泵
22	P22	常压塔三线出料泵
23	P23	常压塔四线出料泵
24	P23B′	常压塔四线出料备用泵
25	P-1	原油进料泵
26	P42	新鲜水注水泵
27	P41	注水泵
28	SS2	F-2 雾化蒸汽兼吹扫
29	IG2	F-2 点火
30	172	F-2 燃油泵
31	P35	减压塔顶回流泵
32	P36′	减压塔顶回流备用泵
33	P25	减压塔一线出料泵
34	P24′	减压塔一线出料备用泵
35	P26	减压塔二线出料泵
36	P27′	减压塔二线出料备用泵
37	P28	减压塔三线出料泵
38	P29	减压塔四线出料泵
39	P30′	减压塔四线出料备用泵
40	P-9	减压塔釜出料泵
41	P9B′	减压塔釜出料备用泵
42	VAC	真空系统投运
43	G.Y	公用工程投用
44	Y.B	仪表投用
45	ShY	试压合格
46	JD1	C-7 加电开关
47	JD2	C-8 加电开关
48	TC1	初馏塔顶冷却水
49	TC2	常压塔顶冷却水
50	TC3	减压塔冷却水
51	LOP	原油循环

泵开关组画面如图 12-6 所示。

五、指示变量说明

1	TI156	157℃	T-4 一线出塔温度
2	TI158	269℃	T-4 二线出塔温度
3	TI160	337℃	T-4 三线出塔温度
4	TI162	373℃	T-4 四线出塔温度
5	FI134	0.2 t/h	T-3 汽提蒸汽量
6	TI157	59℃	T-4 顶循回流温度
7	TI159	97℃	T-4 二循回流温度
8	TI161	196℃	T-4 三循回流温度
9	FI167	14.8 t/h	T-4 一线产品流量
10	FI168	63.3 t/h	T-4 二线产品流量

图 12-6 泵开关组画面

11	FI169	52.9 t/h	T-4 三线产品流量
12	FI170	6.6 t/h	T-4 四线产品流量
13	TI134	117℃	T-2 第 39 层汽相温度
14	TI148	169℃	T-2 常二出塔温度
15	TI124	225℃	T-1 进料温度
16	TI129	98℃	T-1 塔顶温度
17	TI131	130℃	T-1 侧线出塔温度
18	TI126	227℃	T-1 汽提段温度
19	TI137	304℃	T-2 常三出塔温度
20	TI138	360℃	T-2 汽化段温度
21	FI162	10.3 t/h	T-1 侧线采出流量（也是 T-2 中部进料流量）
22	TI136	187℃	T-2 第 25 层汽相温度
23	TI139	357℃	T-2 塔釜温度
24	FI142	32 t/h	T-3 二线产品流量
25	FI143	48 t/h	T-3 三线产品流量
26	FI144	14.8 t/h	T-3 四线产品流量
27	FI163	7.0 t/h	T-2 顶产品流量
28	TI177	397℃	F-2 一路油出口温度
29	TI178	401℃	F-2 二路油出口温度
30	TI179	397℃	F-2 三路油出口温度
31	TI180	397℃	F-2 四路油出口温度
32	TI214	208℃	F-2 烟气出口温度

33	TI173	368℃	F-1 一路油出口温度
34	TI174	364℃	F-1 二路油出口温度
35	TI175	363℃	F-1 三路油出口温度
36	TI176	365℃	F-1 四路油出口温度
37	TI201	193℃	F-1 烟气出口温度
38	TI133	294℃	F-1 原油入口温度
39	FI173	2.3 t/h	F-1 燃料油流量
40	TI224	267℃	F-1 & F-2 热风入口温度
41	FI172	1.3 t/h	F-2 燃料油流量
42	TI121	35℃	原油温度
43	TI122	121℃	原油预热后入脱盐管 C-7 温度
44	PI121	0.8MPa	原油泵（P-1）出口压力
45	AI101	1.0%	原油含水量
46	TI171	211℃	经 F-1 对流段原油出口温度
47	TI124	223℃	T-1 北路油预热后温度
48	TI123	245℃	T-1 东路油预热后温度
49	FI161	391 t/h	T-1 进油流量
50	PI123	0.029MPa	T-2 塔顶压力
51	PI135	1MPa	F-2 雾化蒸汽压力
52	PI122	0.054MPa	T-1 塔顶压力
53	TI130	45℃	T-1 顶产品入罐温度
54	TI141	110℃	T-2 顶循出塔温度
55	TI142	42℃	T-2 顶循入塔温度
56	FI135	1 t/h	F-1 雾化蒸汽流量
57	FI136	0.51 t/h	F-2 雾化蒸汽流量
58	TI127	110℃	T-1 顶循出塔温度
59	TI128	43℃	T-1 顶循入塔温度
60	TI132	220℃	T-1 塔釜温度
61	TI147	42℃	T-2 顶产品入罐温度
62	TI143	212℃	T-2 常一中出塔温度
63	TI144	161℃	T-2 常一中入塔温度
64	TI145	310℃	T-2 常二中出塔温度
65	TI146	206℃	T-2 常二中入塔温度
66	TI152	375℃	T-4 塔釜温度
67	TI153	39℃	T-4 顶一级热交换后温度
68	TI154	53℃	T-4 顶二级热交换后温度
69	TI155	51℃	T-4 顶三级热交换后温度
70	TI166	64℃	T-4 二线入储罐温度
71	TI167	77℃	T-4 三线入储罐温度
72	TI168	71℃	T-4 四线入储罐温度
73	TI169	123℃	T-4 釜渣油出厂温度
74	FI171	168 t/h	T-4 釜渣油流量
75	PI125	0.007 MPa	T-4 塔顶真空度
76	LI104	<60%	C-1 水位

77	LI107	<60 %	C-2 水位
78	LI113	<60%	C-4 水位

六、报警限说明

1	AIC103 > 3.0 %	(H)	2	AIC103 < 0.8 %	(L)
3	PIC131 > −50 Pa	(H)	4	FI173 < 0.2 t/h	(L)
5	TIC107 > 500 ℃	(H)	6	LIC103 > 80 %	(H)
7	LIC103 < 10 %	(L)	8	LIC105 > 80 %	(H)
9	LIC105 < 45 %	(L)	10	LIC106 > 80 %	(H)
11	LIC106 < 45 %	(L)	12	LIC108 > 80 %	(H)
13	LIC108 < 30 %	(L)	14	LIC109 > 55 %	(H)
15	LIC109 < 30 %	(L)	16	LIC110 > 80 %	(H)
17	LIC110 < 30 %	(L)	18	LIC111 > 80 %	(H)
19	LIC111 > 30 %	(L)	20	LIC112 > 80 %	(H)
21	LIC112 < 30 %	(L)	22	LIC115 > 55 %	(H)
23	LIC115 < 10 %	(L)	24	AIC105 > 3 %	(H)
25	AIC105 < 0.8 %	(L)	26	PI125 > 0.02 MPa	(H)
27	PIC132 > −50 Pa	(H)	28	TIC109 > 500 ℃	(H)
29	TIC101 > 105 ℃	(H)	30	TIC101 < 98 ℃	(L)
31	TIC102 > 105 ℃	(H)	32	TIC102 < 98 ℃	(L)
33	TIC106 > 85 ℃	(H)	34	TIC106 < 75 ℃	(L)
35	FIC106 < 10 t/h	(L)	36	FIC109 < 10 t/h	(L)

控制组画面见图 12-7 和图 12-8。

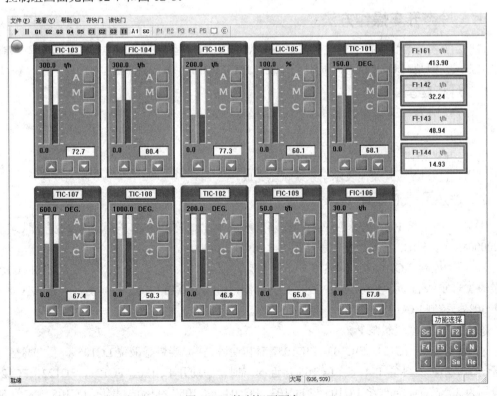

图 12-7　控制组画面之一

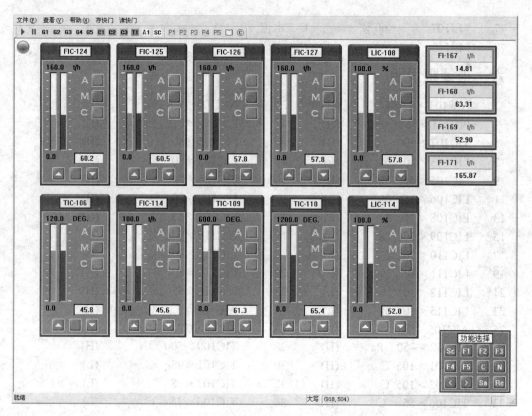

图 12-8　控制组画面之二

七、冷态开车操作方法

说明：原实际装置将控制器位号都记为 PC\FC\LC\TC 等，不符合标准。在操作规程中保留了原表达方式。但是在 DCS 组态画面中全部改为 PIC\FIC\LIC\TIC 标准表达方式。

1. 开车准备

全部控制器处于手动，全流程的泵处于停状态。

① 打开"G.Y"开关，表示公用工程具备。

② 打开"Y.B"开关，表示仪表投用。

③ 打开"ShY"开关，表示全系统试压完成。

2. 进油及原油循环

① 打开原油泵 P-1，开水泵 P-41，开新鲜水泵 P-42。打开 JD1 开关，使电脱盐罐 C-7 加电压 20000V。打开 JD2 开关，使电脱盐罐 C-8 加电压 20000V。

② 手动控制 FIC101 水流量约 3.5 t/h 投自动，使 AI101 水含量 < 1.0%。手动控制 FC102 水流量约 3.5 t/h 投自动。手动控制 PC101 压力控制，给定值 0.13 MPa，投自动。当 C-7、C-8 水位高于 30%，控制 LC101、LC102，给定值 50%，投自动。

③ 打开初馏塔进料泵 P-2。

④ 手动控制 FIC104、FIC103、FIC105，对初馏塔进料。当塔釜液位 LC105 高于 30%左右时，打开初馏塔塔釜出料泵 P-4。当 LC105 接近 50%时，手动开 FC120、FC121、FC122、FC123 输出分别为 30%左右，同时将 LC105 与 FC103、FC104、FC105 投自动与串级。LC105 给定值 50%。

⑤ 手动控制 FC120、FC121、FC122、FC123，使常压塔塔釜液位 LC108 上升，达 30%左右打开常压塔塔釜出料泵 P-5。

⑥ 当 LC108 接近 50%时，手动开 FC124、FC125、FC126、FC127，输出分别为 30%左右，同时将 LC108 与 FC124、FC125、FC126、FC127 投自动与串级。LC108 给定值为 50%。

⑦ 打开减压塔塔釜出料泵 P-9，检查减压塔塔釜的两个出料阀，即 LC115 的输出关小，PC106 的输出开约 50%。当 LC115 达到 50%时投自动。

⑧ 至此原油全线贯通。打开 LOP 开关，表示完成原油冷循环操作。

⑨ 通过控制系统的自动控制，使进、出物料平衡，即观察流量 F161 与 F171 是否保持基本相等且各塔釜液位保持稳定。

⑩ 原油冷循环流量控制在正常生产的 50%左右（200t/h）。

提示：在自动控制时，改变循环流量的具有自由度的调整环节是 FC120、FC121、FC122 和 FC123。

⑪ 原油进料量在后续开车过程中逐步加大，最终达到 400～420t/h。

3. 一号炉开车

详细开车步骤见加热炉单元。此处按简化开车处理。

① 手动控制 PC131 的输出为 50%。

② 手动控制 AIC103 的输出为 50%。

③ 打开燃油雾化蒸汽开关阀 SS1（兼蒸汽吹扫）。

④ 打开燃油泵 173。

⑤ 打开点火开关 IG1（表示一系列点火操作），点燃时有火焰出现。

⑥ 手动渐渐开启 TC108 的输出，达 30%时保持。观察一号炉出口温度 TC108、T173、T174、T175、T176 和炉内温度 TC108 开始上升，通过控制燃料阀控制器 TC108，可控制炉温和管内介质出口温度。

⑦ 将烟气氧含量 AIC103 控制为 2.4%，投自动。

⑧ 炉内负压 PC131 将逐步升高，当达到–157Pa 左右，投自动。

4. 二号炉开车

详细开车步骤见加热炉单元。此处按简化开车处理。

① 手动控制 PC132 的输出为 50%。

② 手动控制 AIC105 的输出为 50%。

③ 打开燃油雾化蒸汽开关阀 SS2（兼蒸汽吹扫）。

④ 打开燃油泵 172。

⑤ 打开点火开关 IG2（表示一系列点火操作），点燃时有火焰出现。

⑥ 手动渐渐开启 TC110 的输出，达 30%时保持。观察一号炉出口温度 TC109、T177、T178、T179、T180 和炉内温度 TC110 开始上升，通过控制燃料阀控制器 TC110 可控制炉温和管内介质出口温度。

⑦ 将烟气氧含量 AIC105 控制为 2.4%，投自动。

⑧ 炉内负压 PC132 将逐步升高，当达到–157Pa 左右，投自动。

5. 常压塔开车操作

常压塔开车的同时应随时关注初馏塔和减压塔的状态，有问题及时处理。

① 手动控制燃料控制器 TC108，控制炉-1 燃料量，使原油出口温度 TC107 以每分钟 7～8℃

上升（实际为 0.5℃/min），达 150℃时恒温 10min（实际为 3h），进行热循环脱水（时间长短也可自定）。

② 以每分钟 7～8℃手动控制燃料控制器 TC108，提高炉-1 温度，当原油出口温度 TC107 达 170℃后恒温，继续进行热循环脱水（时间长短自定）。

③ 手动控制燃料控制器 TC108 继续提高炉-1 温度，当原油出口温度 TC107 达 250℃后，恒温，进行设备热紧 10min。时间也可长短自定（实际为 3h）。

④ 手动控制燃料控制器 TC108 继续提高炉-1 温度，最终使 TC107 达到（364±2）℃。当塔顶温度上升时开塔顶冷却水开关 TC2。

⑤ 当回流罐液位达 30%左右打开泵 P16。

⑥ 手动控制回流量控制器 FC109，塔顶开始回流。

⑦ 当常顶 C-2 罐液位达 50％ 时，将 LC106 投自动，产品进入精制塔进行精制。

⑧ 当炉-1 原油出口（常压塔进料）温度达到 300℃，手动控制底吹蒸汽控制器 FC113，流量达到 2.8 t/h 时投自动。

⑨ 手动开控制器（常二抽出）TC103，当输出达 50%且稳定后投自动。

⑩ 观察 LC109 上升至 30%时开泵 P20。LC109 达到 50%投自动。常二线采出柴油进入柴油精制塔进行精制。

⑪ 手动开控制器（常三抽出）TC104，当输出达 50%且稳定后投自动。

⑫ 观察 LC110 上升至 30%时开泵 P22。LC110 达到 50%投自动。

⑬ 手动开控制器（常四抽出）TC103，当输出达 50%且稳定后投自动。

⑭ 观察 LC111 上升至 30%时开泵 P23。LC111 达到 50%投自动。

⑮ 开中间循环泵 P17、P12 和 P19。

⑯ 控制中间循环回流量，应根据流程的负荷逐步开大流量，防止抽空现象发生。最终使 FC110 达 139 t/h，投自动；FC111 达 151 t/h，投自动；FC112 达 18 t/h，投自动。

⑰ 开汽提蒸汽阀 HV3，使 F134 达到 0.2 t/h。

⑱ 如果回流罐下部排水液面高于 50%，开放水阀 HV2 。

⑲ 将控制器 TC107 和 TC108 投自动及串级，控制炉-1 油出口温度（即常压塔进料温度）稳定在 364℃。

⑳ 调整回流量 FC109，使塔顶温度 TC102 控制在 102℃，将 TC101 和 FC109 投自动及串级。

6. 减压塔开车操作

减压塔开车的同时应随时关注初馏塔和常压塔的状态，有问题及时处理。

① 当塔底液位正常以后，控制炉-2 燃料控制器 TC110，提高炉-2 温度 TC109。

② 炉-2 出口油温度达 360℃，常四采出正常，打开 VAC，表示减压塔顶真空系统投用。

③ 控制塔顶喷射蒸汽手操阀 HV8，使真空度 P125 达到 0.007MPa。

④ 控制炉-2 油路注汽阀 HV4，使 F137 达到 0.3 t/h；控制炉-2 油路注汽阀 HV5，使 F138 达到 0.3 t/h；控制炉-2 油路注汽阀 HV6，使 F139 达到 0.3 t/h；控制炉-2 油路注汽阀 HV7，使 F140 达到 0.3 t/h。

⑤ 观察塔顶温度上升，当顶温达到 60℃时，开所有侧线冷却器的冷却水开关 TC3。

⑥ 打开塔顶循环采出泵 P25。

⑦ 手动控制 FC114，塔顶开始回流，控制顶温 TC106（正常值为 79℃）。

⑧ 手动控制塔底吹蒸汽阀，当 FC118 达到 3.7 t/h 时投自动。

⑨ 自上而下依次开减二、减三、减四抽出泵 P26、P28、P29。

⑩ 自上而下依次开减一、减二、减三、减四循环阀，应根据流程的负荷逐步开大流量，防

止抽空现象发生。最终控制 FC114 达到 48 t/h 投自动；FC115 达到 73 t/h 投自动；手动控制 FC116 达到 67 t/h 投自动；手动控制 FC117 达到 12 t/h 投自动。

⑪ 全塔温度基本正常后，手动开侧线采出控制器 PC102，当压力稳定在 0.83 MPa 时投自动；手动开侧线采出控制器 PC103，当压力稳定在 0.85 MPa 时投自动；手动开侧线采出控制器 PC104，当压力稳定在 1.08 MPa 时投自动。

⑫ 手动开侧线采出控制器 PC105 的输出约 50%，观察 LC114 达到 50% 时投自动。再手动调整 PC105，当压力稳定在 1.43 MPa 时投自动。

⑬ 检查 LC115 是否自动控制在 50%。

⑭ 手动控制顶罐液位 LC112，达到 50% 左右投自动。

⑮ 检查顶罐下部水液位 L113，手操放水阀使 L113 保持在 60% 以下。

⑯ 转入正常运行，控制炉-2 出口温度使减压塔釜温度稳定在 375℃。

7. 初馏塔开车操作

初馏塔的能量来自系统的换热网络，随着常压炉、减压炉、常压塔和减压塔的开工，初馏塔也在不断升温。因此，F-1、F-2 点火升温后，先初步将本塔开车（参见如下步骤），当常压塔、减压塔开车达标后再细调本塔，直到达标。

① 当顶温达到 85℃时，开塔顶冷却水开关 TC1，回流罐见液位。

② 开回流泵 P14。

③ 手动控制回流量控制器 FC106，塔顶开始回流。控制顶温 TC101 为 102℃。

④ 打开中间循环泵 P55。

⑤ 手动控制循环量 FC107，应根据流程的负荷逐步开大流量，防止抽空现象发生。最终达到 49.8 t/h，投自动。

⑥ 检查 LC103 达到 50% 时投自动。

⑦ 全塔温度基本正常后，开侧线采出泵 P11。

⑧ 手动控制侧线流量控制器 FC108，达到 10.3 t/h，投自动。

⑨ 根据顶罐下部水液位 L104 控制放水阀 HV1，保持 L104 不超过 60%。

八、正常操作

开车以后转入正常运行。本装置年处理量 3000kt，原油入口流量 400~420 t/h。进油量在开车过程中需逐步提升，以便达到维持各塔正常运行的能量。操作人员参照正常工况数据表，通过修正控制器给定值及手操阀门开度，使全系统达到正常工况设计值范围以内。操作质量的最高成绩为 98 分（详见评分标准）。

控制稳定操作完成后，根据教师安排可改变某些操作条件，观察各控制点的影响，或进行控制器参数整定试验，或进行事故排除训练等项目。

九、停车操作

在熟悉全流程工艺、自动控制系统、相关设备、工艺条件及开车操作后，可进行停车操作。操作细节参考开车说明，以下仅给出停车主要步骤。

① 首先要进行降量（减少进料量，关小燃料量，保持进料温度不变）。

② 降低采出量。

③ 降温（关燃料）。

④ 炉-1 出口温度<310℃时，关常减塔、汽提塔吹汽，自上而下关侧线。

⑤ 炉-2 出口温度<350℃时，关注汽。

⑥ 停各塔中间循环。

⑦ 减压塔撤真空。

⑧ 初馏塔、常压塔顶温＜80℃，停止塔顶冷回流。

⑨ 退油。

⑩ 停泵。

⑪ 其他。

十、事故设定及排除

1. 常压塔顶冷却水停（F2）

事故现象　常压塔顶回流罐液位下降，当 LC106 低于 45% 时报警。LC106 继续下降为零时，回流断，顶温上升。

事故原因　冷却水停。

排除方法　在画面 G3 中将 TC2 开关再置开状态，送冷却水，LC106 液位恢复。

2. 炉-2 灭火（F3）

事故现象　炉-2 无火焰，烟气含氧量上升，超过 3% 时报警。炉子出口温度 TC109 缓慢下降。其后，炉膛压力逐渐上升，超过−50 Pa 时报警。

事故原因　灭火。

排除方法　在画面 G4 中将 IG2 开关再置开状态，炉-2 见火焰，炉出口温度上升。

3. 减压塔真空停（F4）

事故现象　当减压塔顶压力 P125 高于 0.02 MPa 时报警。塔顶抽出量 F167 逐渐减少为零，顶温上升。随着压力继续上升，全塔分离作用下降，减一、减二、减三抽出量减少，顶温下降，当 TC106 低于 75℃时报警。塔底液位上升，导致流量 F171 增大。

事故原因　减压塔真空系统停。

排除方法　在画面 G5 中将真空系统 VAIC 开关再置开状态，真空恢复。

4. 减压塔釜出料泵坏（F5）

事故现象　减压塔釜液位上升，当 LC115 高于 55% 时报警，流量 F171 下降为零。

事故原因　减压塔釜出料泵机械故障。

排除方法　在画面 C3 中将备用泵 P9B 置开状态。

5. 常压塔二线出料泵坏（F6）

事故现象　常压汽提塔液位 LC109 上升，当高于 55% 时报警，流量 F142 下降为零。

事故原因　常压塔二线出料泵电路故障，在画面 G3 中无法再启动 P20。

排除方法　在画面 C3 中开备用泵 P21。

十一、开车评分信息

本软件设有三种开车评分信息画面。

1. 简要评分牌

能随时按功能选择键盘的"Sc"键调出。本评分牌显示当前的开车步骤成绩、开车安全成绩、正常工况质量（设计值）和开车总平均成绩。为了有充分的时间了解成绩评定结果，仿真程序处于冻结状态。按键盘的"空格"键返回。

2. 开车评分记录

本画面记录了开车步骤的分项得分、工况评分的细节、总报警次数及报警扣分信息。详见

图 12-9。

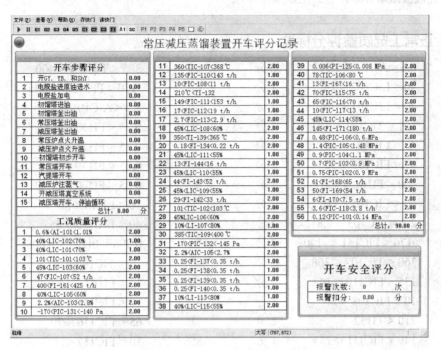

图 12-9　开车评分记录画面

3. 趋势画面

本软件的趋势画面记录了重要变量的历史曲线，可以与评分记录画面配合，对开车全过程进行评价。

十二、开车评分标准

1. 开车步骤评分要点

① 开车前检查 FI-1、FI-2 处于停状态，系统无原油进入，无物料采出。开 GY、YB 和 ShY 开关　　　　5　分

② 电脱盐进原油，进水　　　　5　分

③ 电脱盐加电　　　　3　分

④ 初馏塔进油　　　　5　分

⑤ 初馏塔釜出油　　　　5　分

⑥ 常压塔釜出油，总进油量 FI161 大于 50 t/h　　　　5　分

⑦ 减压塔釜出油，且进行原油循环　　　　6　分

⑧ 炉 F-1 点火升温　　　　8　分

⑨ 炉 F-2 点火升温　　　　8　分

⑩ 完成初馏塔初步开车　　　　10　分

⑪ 完成常压塔开车　　　　10　分

⑫ 完成汽提塔开车　　　　10　分

⑬ 炉 F-2 注汽　　　　3　分

⑭ 开减压塔真空系统　　　　3　分

⑮ 完成减压塔开车，且终止原油循环　　　　　　　　　　　　　　　12 分

总分：98 分

2. 正常工况质量评分标准

①	0.6 < AI101 < 1.01	2 分	㉚	385 < TIC109 < 400	2 分
②	40 < LIC102 < 70	1 分	㉛	-170 < PIC132 < -145	2 分
③	40 < LIC101 < 70	1 分	㉜	2.2 < AIC105 < 2.7	2 分
④	101 < TIC101 < 103	2 分	㉝	0.25 < FI137 < 0.35	1 分
⑤	45 < LIC103 < 60	2 分	㉞	0.25 < FI138 < 0.35	1 分
⑥	47 < FIC107 < 52	2 分	㉟	0.25 < FI139 < 0.35	1 分
⑦	400 < FI161 < 425	2 分	㊱	0.25 < FI140 < 0.35	1 分
⑧	40 < LIC105 < 60	2 分	㊲	10 < LI113 < 80	1 分
⑨	2.2 < AIC103 < 2.8	2 分	㊳	40 < LIC115 < 55	2 分
⑩	-170 < PIC131 < -140	2 分	㊴	0.006 < PI125 < 0.008	2 分
⑪	360 < TIC107 < 368	2 分	㊵	78 < TIC106 < 80	2 分
⑫	135 < FIC110 < 143	1 分	㊶	13 < FI167 < 16	2 分
⑬	10 < FIC108 < 11	2 分	㊷	70 < FIC115 < 75	2 分
⑭	210 < TI132	2 分	㊸	65 < FIC116 < 70	2 分
⑮	149 < FIC111 < 153	1 分	㊹	10 < FIC117 < 13	2 分
⑯	17 < FIC112 < 19	1 分	㊺	45 < LIC114 < 55	2 分
⑰	2.7 < FIC113 < 2.9	2 分	㊻	145 < FI171 < 180	2 分
⑱	45 < LIC108 < 60	2 分	㊼	0.48 < PIC106 < 0.6	2 分
⑲	350 < TI139 < 365	2 分	㊽	1.4 < PIC105 < 1.48	2 分
⑳	0.18 < FI134 < 0.22	2 分	㊾	0.9 < PIC104 < 1.1	2 分
㉑	45 < LIC111 < 55	1 分	㊿	0.7 < PIC103 < 0.9	2 分
㉒	13 < FI144 < 16	2 分	51	0.75 < PIC102 < 0.9	2 分
㉓	45 < LIC110 < 55	1 分	52	61 < FI168 < 65	2 分
㉔	44 < FI143 < 52	2 分	53	50 < FI169 < 54	2 分
㉕	45 < LIC109 < 55	1 分	54	6 < FI170 < 7.5	2 分
㉖	29 < FI142 < 33	2 分	55	3.6 < FIC118 < 3.8	2 分
㉗	101 < TIC102 < 103	2 分	56	0.12 < PIC101 < 0.14	2 分
㉘	45 < LIC106 < 60	2 分			
㉙	10 < LI107 < 80	1 分		总分：98 分	

思　考　题

1. 按照电脱盐、初馏系统、常压系统和减压系统的顺序简述（三段汽化）常减压蒸馏的工艺流程。

2. 电脱盐过程为什么要加入破乳化剂和新鲜水？

3. 电脱盐后注入 NaOH 的目的是什么？

4. 初馏塔起何作用？

5. 常压炉的对流段加热何种物料？辐射段加热何种物料？

6. 常压炉出口温度要求为多少度？

7. 常压塔有多少块塔板？有几个侧线采出？各侧线均为什么产品？

8. 常压塔为什么设有多个循环回流？塔釜为什么需要吹蒸汽？

9. 汽提塔有何作用？

10. 减压炉的对流段加热何种物料？辐射段加热何种物料？

11. 减压炉出口温度要求为多少度？

12. 减压塔为什么工作在真空状态下？抽真空采用什么原理？

13. 减压塔为什么直径很大？设有多少块塔板？有多少个侧线采出？多少个循环回流？

14. 常减压系统采用了多少个热交换器组成换热网络？大致的分布和作用如何？

15. 减压塔釜吹入过热蒸汽的目的是什么？

16. 简述常减压装置开车的主要步骤。

17. 如何进行原油循环操作？

18. 什么是原油的热循环脱水？如何进行？

19. 什么是设备热紧？如何进行？

20. 为什么初馏塔的工况必须在常压塔与减压塔开车正常后才能最终稳定？

21. 列写出常减压开车达正常工况后各压力、温度、流量的数值范围。

22. 列写常减压装置所有控制回路，说明其作用。

23. 说明控制系统中哪些属串级控制，指出主控制器和副控制器。

24. 列写出所有手操器和开关操作量并说明其作用。

25. 试说明原油分馏塔的工艺特点。

26. 为什么减压塔的塔板数少于常压塔？

27. 减压塔釜为什么采用"缩径"结构？

28. 何谓燃料型干式减压蒸馏流程？和传统的湿式减压蒸馏相比有何优点？

29. 简述减压抽真空系统的结构。

30. 原油蒸馏装置的节能途径主要有哪些方法？

31. 何为单程塔板？何为双程塔板？

32. 单程和双程塔板的侧线抽出斗结构如何？

33. 减压塔的破沫网安装在何处？起何作用？

34. 简述升气管型抽出板的原理及结构。

35. 常压塔顶冷却水停止将导致何种事故现象？

36. 减压炉灭火将导致何种事故现象？

37. 减压塔真空停止将导致何种事故现象？

38. 车用汽油的质量评定标准是什么？

39. 航空汽油的质量评定标准是什么？

40. 轻柴油和重柴油各有何用途？柴油的抗爆性用何值表示？

41. 试述喷气燃料，即航空煤油的规格标准是什么？

第十三章 化工仿真实验

第一节　仿真实验技术及 PS-2000E 软件系统

多年来，高职高专、高等本科院校化学工程、精细化工、应用化学、高分子化学等专业（包括环境科学、生命科学、自动化过程控制专业和过程装备与控制工程等专业）的教师们一直期待着有一种理想的多功能化工过程与控制实验系统，这种系统能够兼有连续和间歇两种典型的化学反应；具有工业级规模动态特性；危险性最低（甚至没有危险性）；不存在反应产物污染和后处理问题；不消耗物料；消耗最少的能源；除了化学反应实验外，还可以进行流体力学、传热和气体压缩等多种工程试验；还可以灵活地进行多种过程控制实验与训练；同时具有投资省、运行和维护费用省等优点。

传统的实验技术存在着如下无法克服的特点。

① 任何放热化学反应都有潜在的爆炸危险性，导致无法在学校实验室中进行此类常见的、典型的反应动力学实验。

② 任何化学反应都要消耗物料，产生主产物、副产物和需要后处理的汽相和液相物质，不可能没有后处理和环境保护措施。连续反应处理量大，此类问题尤其突出。

③ 实验装置的尺寸过小，导致系统时间常数比真实系统小得多，动态特性与实际工业系统差异很大，学生得不到工业规模大型系统的特性感受。

④ 由于实验装置尺寸过小的原因，流动特性受管壁边界层的影响大，流动非线性强，无法稳定，导致测试结果偏差大，没有重复性。正因为如此，国家标准（包括国际标准）规定，只有管径大于 50mm 且流动达到一定的流速才有标准可言。

⑤ 由于安全和环保原因，模拟反应过程的工艺介质一般用水，即所谓冷模实验。此种实验过程物理性质单一，表达不了实际工艺物料复杂多样的物理化学特性，除了流体流动与传热实验外，化学反应、物料混合、组分变化、酸碱度变化、气体压缩、复杂的传质过程等都无法实现。因此，普遍存在着实验过程单调、知识点少等问题。

⑥ 无法进行高危险性、超极限性过程的安全保护实验。因为传统的冷模实验系统本身十分简单，没有高危险性、超极限性（如反应超温、超压、爆炸等）现象，当然，基于安全要求也不允许进行破坏性实验。

⑦ 难于对实验流程、实验项目、实验内容进行重组和变化，限制了实验规模和种类。实验装置部件有限，重组和变化的内容有限。此外，重组和变化需要附加管路和阀门，变化实验内容

的初始化时间长（例如等待系统降温时间很长），而且全面的重组和变化必须对设备进行重新机电组装，这对参与实验的师生几乎没有可行性。

⑧ 难于对全部变量和操作进行实时测量，因此无法实现远程实验和远程全程实验监控，无法实现高完备性和高分辨率故障识别与诊断，因此也无法实现未来的智能化实验。

以上弱点或难题，在多功能过程与控制实验系统 MPCE-1000 中几乎全部得到解决，如图 13-1 所示。基于仿真技术的多功能实验系统，通过将小型半实物过程系统、微机控制系统与全数字化高精度仿真模型结合，实现了集多种教学和实验功能于一身、真实感强、一机多用、无需物料、没有产物和副产物、维修简单、节能、安全、环保等理想实验系统的要求，是从仿真实习技术发展到仿真实验技术的一个新的飞跃。

图 13-1 多功能化工过程与控制实验系统 MPCE-1000

为了使更多的学生能够得到仿真实验的机会，充分发挥这种新技术的作用，作者特意开发了 4 个基于 PS-2000 系统的纯软件化仿真实验系统，分别是离心泵及液位系统、热交换器系统、间歇反应系统和连续反应系统。软件命名为 PS-2000E，即个人化仿真实验软件，另外一重含义是 PS-2000 的增强版。本仿真实验软件实际上是一种虚拟实验系统，该系统具有实验精度高、简便易用、能够实现网络远程实验和实验全程监控等优点。PS-2000E 与 MPCE-1000 相比，虽然三维真实感和操作力度感有差别，但无需特定的场地、无需设备维护，也无需教师在实验前进行实验设备启动等准备工作。

PS-2000E 与 PS-2000 的主要区别是，采用了重新开发的高精度数学模型。为了高逼真地进行化工过程特别是化学反应的科学实验，本系统的数学模型考虑了如下几个重要方面。

① 动态模型应能反映被仿真装置的实际尺寸，包括设备尺寸、管道尺寸、阀门尺寸等，能反映系统物料和能量的变化与传递的定量关系。

② 动态模型能反映被仿真系统的物理化学变化的规律，如反应动力学特性、气液平衡特性，这些特性常常是非线性的。

③ 动态模型能反映被仿真系统的动态时间常数、惯性、时间滞后、多容和高阶特性。

④ 动态模型的求解速度达到实时要求，求解精度满足实验要求。另外，仿真实验软件增加了实验数据测试画面和全屏化高分辨率记录曲线画面，以便记录实验数据和实验曲线。

PS-2000E 和 PS-2000 的工艺过程和操作规程完全相同，因此在本章中不再重复介绍，全部参照相关章节的内容不变。本章重点介绍几个示范性的实验内容，专业教师可以仿此案例举一反三，在本仿真实验软件所能覆盖的知识范畴内创新设计出更多的化工实验项目和内容。

离心泵及液位系统比较简单，由于增加了全屏化高分辨率记录曲线画面，可以方便地进行离心泵特性曲线测试。此外，可以进行液位单回路控制实验、离心泵出口流量单回路控制实验。仿真实验还包括离心泵气缚和汽蚀内容，详细内容参见第三章，在此不再介绍。

第二节 热交换器系统仿真实验

一、设备参数和工艺数据测试

热交换器的工艺过程说明、过程变量说明、开停车规程和主要事故处理内容详见第四章。热交换器的设备参数如下：

壳内径　　　D=250 mm　　　　　管长　　　　L=5.0 m
折流板间距　B=0.1 m　　　　　　列管外径　　d_o=19 mm
列管内径　　d_i=15 mm　　　　　列管根数　　n=52 根

在仿真实验系统上测试得到的热交换器正常工况工艺数据如下：

FR-1	管程冷却水入口流量	18441 kg/h
TI-2	管程入口温度	20.0 ℃
TI-3	管程出口温度	30.8 ℃
FIC-1	磷酸钾溶液壳程入口流量	8849 kg/h
TI-1	壳程入口温度	65.0℃
TIC-1	壳程出口温度	32.0℃

热交换器实验物性数据如表 13-1 所示。表 13-1 中的物性数据在下面逐一解释。

表 13-1　热交换器物性数据

型式	管　　程	壳　　程
定性温度	t=(32+20)/2=26℃	T=(65+32)/2=48.5℃
物性数据	ρ_2=1000 kg/m^3 μ_2=3.27 kg/(m・h) C_{P2}=1.0 kcal/(kg・℃) λ_2=0.51 kcal/(m・h・℃)	ρ_1=1300 kg/m^3 μ_1=4.3 kg/(m・h) C_{P1}=0.757 kcal/(kg・℃) λ_1=0.49 kcal/(m・h・℃)

二、热交换器总传热系数的测试和计算

1. 管程给热系数计算

依据化工工艺设计手册，管程给热系数 h_i 计算公式如下：

$$h_i = J_H C_P G_t \left(\frac{C_P \mu}{\lambda} \right)^{-2/3}$$

式中　h_i——管程给热系数，kcal/(m^2・h・℃)；

J_H——柯尔本因子；

C_P——流体比热容，kcal/(kg・℃)；

G_t——管内比流量，kg/(m^2・h)；

μ——流体平均温度下的黏度，kg/(m・h)；

λ——流体热导率，kcal/(m・h・℃)。

计算管内比流量：

$$G_t = \frac{FR - 1 N_P}{\frac{1}{4}\pi d_i^2 N_t} = \frac{18441 \times 2}{0.785 \times (0.015)^2 \times 52} = 4.016 \times 10^6 \text{ kg}/(\text{m}^2 \cdot \text{h})$$

式中　N_P——管程数（2）；

　　　N_t——列管数（52）；

　　　d_i——管内径，m（0.015）。

管内流体流动雷诺数：

$$Re_t = \frac{G_t d_i}{\mu_2} = \frac{4.016 \times 10^6 \times 0.015}{3.27} = 18422$$

由化工工艺设计手册查得柯尔本因子：

$$J_H = 4.0 \times 10^{-3}$$

计算管程给热系数 h_i：

$$h_i = J_H C_P G_t \left(\frac{C_P \mu}{\lambda}\right)^{-2/3} = 4.0 \times 10^{-3} \times 1.0 \times 4.016 \times 10^6 \times \left(\frac{3.27 \times 1.0}{0.51}\right)^{-2/3}$$

$$= 4654.5 \text{ kcal}/(\text{m}^2 \cdot \text{h} \cdot \text{℃})$$

2. 壳程给热系数计算

已知折流板间距 $B = 0.1\text{m}$。计算壳程质量流速：

$$G_s = \frac{FIC - 1}{a_s} = \frac{8849}{0.003} = 2.95 \times 10^6 \text{ kg}/(\text{m}^2 \cdot \text{h})$$

式中　$a_s = D_s C'B / P_t = 0.25 \times 0.006 \times 0.05 / 0.025 = 0.003 \text{ m}^2$（$D_s$ 为壳体直径，m；P_t 为管心距，m）

　　　$C' = P_t - d_o = 0.025 - 0.019 = 0.006 \text{ m}$

计算当量直径：

$$De_s = \frac{3.464 P_t^2 - \pi d_o^2}{\pi d_o} = \frac{3.464 \times (0.025)^2 - 3.1416 \times (0.019)^2}{3.1416 \times 0.019} = 0.0173$$

壳程流体流动雷诺数：

$$Re_s = \frac{G_s De_s}{\mu_1} = \frac{2.95 \times 10^6 \times 0.0173}{4.3} = 11869$$

已知折流板缺口为 25%。由化工工艺设计手册查得柯尔本因子：

$$J_s = 47$$

依据化工工艺设计手册公式计算壳程给热系数 h_o：

$$h_o = J_s \times \frac{\lambda}{De_s} \left(\frac{C_P \mu}{\lambda}\right)^{1/3} = 47 \times \frac{0.49}{0.0173} \times \left(\frac{0.757 \times 4.3}{0.49}\right)^{1/3}$$

$$= 2502.5 \text{ kcal}/(\text{m}^2 \cdot \text{h} \cdot \text{℃})$$

3. 总传热系数 u_c 计算

由化工工艺设计手册查得：管内流体污垢热阻 $\gamma_i = 0.0002(\text{m} \cdot \text{h} \cdot \text{℃})/\text{kcal}$；管外流体污垢热阻 $\gamma_o = 0.0001 (\text{m} \cdot \text{h} \cdot \text{℃})/\text{kcal}$。

管壁热阻为：

$$\gamma_w = \frac{l_w}{\lambda_w} = \frac{0.002}{40} = 0.00005 \text{ (m}^2 \cdot \text{h} \cdot \text{℃})/\text{kcal}$$

式中 l_w——管壁厚度，m；

　　　　λ_w——管材热导率（40）；

$$u_c = \left(\frac{1}{h_o} + \frac{1}{h_i} \times \frac{d_o}{d_i} + \gamma_o + \gamma_i \times \frac{d_o}{d_i} + \gamma_w \times \frac{d_o}{d_{av}} \right)^{-1}$$

$$= \left(\frac{1}{2502} + \frac{1}{4654} \times \frac{0.019}{0.015} + 0.0001 + 0.0002 \times \frac{0.019}{0.015} + 0.00005 \times \frac{0.019}{0.017} \right)^{-1}$$

$$= 969.7 \ \text{kcal}/(\text{m}^2 \cdot \text{h} \cdot {}^\circ\text{C})$$

　　仿照以上实验方法和步骤，通过改变热交换器的热流或冷流的流量，每改变一次且等待热交换器运行状态稳定后（通过记录曲线判断），记录一组数据，即本节之一中的 6 个数据。然后按照以上 3 个步骤计算出总传热系数 u_c。将各组总传热系数的结果进行比较，可以发现影响热交换器传热效率的规律。

三、实验数据测试画面

　　图 13-2 是仿真实验软件 PS-2000E 提供的实验数据测试画面。画面中的蓝色小窗口实时显示了对应过程变量的位号和数据，实验时可以方便地记录这些数据。

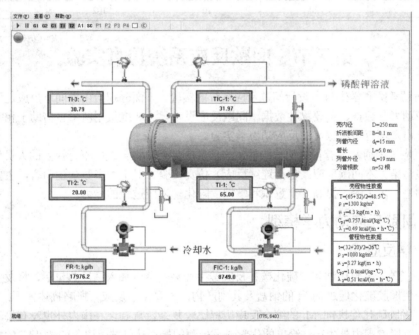

图 13-2　热交换器系统实验数据测试画面

四、热交换器动态特性测试实验

　　列管式热交换器是常见的热交换设备，由于它是一个单一的设备，因此容易将其特性考虑成单容一阶特性。然而，由于列管式热交换器的特殊结构，使其热流和冷流的出口温度在热流或冷流流量变化时呈现多容高阶响应特性。因为无论是在列管式热交换器的壳程还是管程，流体传热都是依次流经较长的换热面积，在每一区段中都进行热交换过程，相当于一系列微元热交换器串联在一起。将每一个微元热交换器简化为一个单容过程，则出口温度已经属于多容的最末端检测值。因此，列管式热交换器构成的热交换过程具有多容特性。

过程变量阶跃响应动态特性的测试方法是，对冷却水控制阀（将控制器 TIC-1 置手动，调整手动输出）的每一次阶跃变化，采用图解法在响应曲线的拐点处作切线，利用水平和垂直辅助线找到切线与时间轴及新稳态值渐近线的交点，可近似测得高阶响应的特征参数，即纯滞后时间（τ）和时间常数（T）。部分结果见表 13-2 数据。

测试结果表明，所有响应曲线都呈现 S 形，即起始缓慢，之后才加快速度，具有明显的多容过程的容量滞后特点。

通过图解法得到的一组阶跃响应动态特性数据看出，对于列管式热交换器纯滞后时间和时间常数是变化的，它们都随流量的减小而变大，即纯滞后时间和时间常数都与流量成反比。这是列管式热交换器多容动态特性的一个重要特点。

表 13-2　热交换器动态特性测试实验记录

测试结果项目	TIC-1 输出/%	TIC-1 输出/%	热流出口温度 TIC-1	
			τ/s	T/s
1	80	85	9	21
2	40	30	39	54
3	30	25	43	61
4	25	20	55	72
5	20	10	102	142

第三节　间歇反应系统仿真实验

为了协助教师和学生自主设计间歇反应系统的实验，下面分别给出本间歇反应过程的动力学模型、反应动力学数据、主要物性数据、间歇反应设备尺寸和批量用料量。借助于相关模型和数据可以设计出多项有实用意义的反应动力学实验。

化学反应过程通常具有很大的危险性，一旦反应失控，将会造成不可挽回的人员伤亡、财产损失和环境污染。本间歇反应（包括连续反应）仿真实验，对于大多数学生而言，主要是通过对反应机理的进一步了解，提高安全意识和掌控危险化学反应过程的能力。

一、间歇反应动力学模型

1. 化学反应式

邻硝基氯苯、多硫化钠和二硫化碳在反应釜中经夹套蒸汽加入适度热量后，将发生复杂的化学反应，产生橡胶硫化促进剂 M 的钠盐及其副产物，主要化学反应可概略描述如下：

说明：橡胶硫化促进剂 M 的缩合反应历程比较复杂，直到现在国内外也没有搞清楚机理，但丝毫也没有影响国内外生产。给出的化学式是推测的概略化学式，引入变数"n"的本意就是解决配比不平的问题。此外，所列化学式和后面的反应动力学仿真模型没有必然的联系。

以上反应式还可分步写成：

（邻硝基苯基二硫化物） $+Na_2S \longrightarrow 2$ （邻硝基苯硫醇钠） $+nS \downarrow$

（邻硝基苯硫醇钠） $+Na_2S_n \xrightarrow{H_2O}$ （邻氨基苯硫醇钠） $+3Na_2S_2O_3$

（邻氨基苯硫醇钠） $+2CS_2 \longrightarrow$ （苯并噻唑硫醇钠） $-SNa+2H_2S \uparrow$

（苯并噻唑） $-SH+Na_2S_n \longrightarrow$ （苯并噻唑） $-SNa+2H_2S \uparrow +S \downarrow$

实践证明缩合反应不是一步合成，除上述主反应外还伴有副反应发生：

（邻硝基氯苯） $+Na_2S_n \xrightarrow{H_2O}$ （邻氯苯胺） $+Na_2S_2O_3+S \downarrow$

缩合收率的大小与这个副反应有着密切关系。当硫指数较低时，反应是向副反应方向进行。主反应的活化能高于副反应，因此提高反应温度有利于主反应的进行。但在本反应中若升温过快、过高，由于二硫化碳饱和蒸汽压急剧上升，将可能造成不可遏制的爆炸而发生危险事故。

保温阶段之目的是尽可能多地获得所期望的主产物。为了最大限度地减少副产物生成，必须保持较高的反应釜温度。操作员应当经常注意釜内压力和温度，当温度、压力有所下降时，应向夹套内通入适当蒸汽以保持原有的釜温、釜压。

缩合反应历经保温阶段后，接着利用蒸汽压力将缩合釜内的料液压入下道工序。出料完毕，用蒸汽吹洗反应釜，为下一批作业做好准备，本间歇反应岗位操作即告完成。

2. 数学模型

按一般的原理简化反应动力学模型如下：

设主反应 $\qquad A+B+C \xrightarrow{k_1} D+F \downarrow$

副反应 $\qquad A+B \xrightarrow{k_2} E+F \downarrow$

式中　A——邻硝基氯苯；

　　　B——多硫化钠；

　　　C——二硫化碳；

　　　D——主产物；

　　　E——副产物；

　　　F——游离硫磺；

　　　k_1——主反应速率常数；

　　　k_2——副反应速率常数。

则可得到上述动力学模型：

$$k_1 = k_{01}\mathrm{e}^{-E_1/(RT)}$$

$$k_2 = k_{02}\mathrm{e}^{-E_2/(RT)}$$

$$R_1 = k_1 C_A C_B C_C$$

$$R_2 = k_2 C_A C_B$$

$$\frac{\mathrm{d}C_A}{\mathrm{d}t} = -k_1 C_A C_B C_C - k_2 C_A C_B$$

$$\frac{\mathrm{d}C_B}{\mathrm{d}t} = \frac{\mathrm{d}C_A}{\mathrm{d}t}$$

$$\frac{\mathrm{d}C_C}{\mathrm{d}t} = -k_1 C_A C_B C_C$$

$$\frac{\mathrm{d}C_D}{\mathrm{d}t} = k_1 C_A C_B C_C$$

$$\frac{\mathrm{d}C_E}{\mathrm{d}t} = k_2 C_A C_B$$

$$\frac{\mathrm{d}C_F}{\mathrm{d}t} = k_1 C_A C_B C_C + k_2 C_A C_B$$

$$\frac{\mathrm{d}T}{\mathrm{d}t} = \frac{1}{\overline{C}_R \sum M}(\Delta H_1 R_1 + \Delta H_2 R_2 + Q_1 - Q_2 - Q_3)$$

式中　　R_1——主反应速率；

R_2——副反应速率；

T——反应温度；

R——气体普适常数；

E_1——主反应活化能；

E_2——副反应活化能；

k_{01}——主反应频率因子；

k_{02}——副反应频率因子；

C_A——邻硝基氯苯浓度；

C_B——多硫化钠浓度；

C_C——二硫化碳浓度；

C_D——主产物浓度；

C_E——副产物浓度；

C_F——游离硫磺浓度；

$\overline{C}_P$——平均比热容；

ΔH_1——主反应热；

ΔH_2——副反应热；

$\sum M$——反应物系总质量；

Q_1——夹套加热量；

Q_2——夹套冷却量；

Q_3——蛇管冷却量。

以上间歇反应动力学方程的信息流如图 13-3 所示。仿真试验表明，以上传统反应动力学方程与实际操作特性出入较大，必须依据实际动力学特性对微分方程的结构和参数进行修改和调整，才能满足应用要求。模型仿真试验的主要问题有两个，一是反应历程太快，还来不及操作反应已经完成，而实际历程至少要数十分钟到一个小时，其间需要复杂的操作以便在安全的前提下达到最大的主产物收益；第二是主副反应的竞争所位于的温度区间与实际不符，而且竞争趋势不明显。

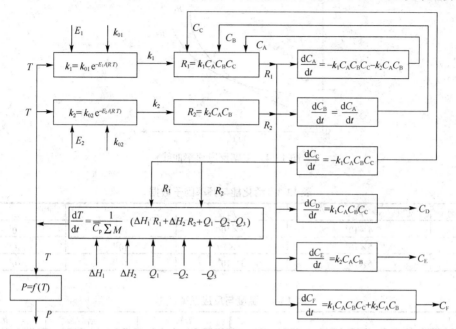

图 13-3　间歇反应动力学方程的信息流图

第一个问题可以从两个方面解决。首先可以大幅度减小仿真计算的积分步长，相当于提高了时间分辨率，拉长了反应时间。但是仍然实现不了操作员与反应过程激烈的竞争效果。进一步分析发现，常规的反应动力学方程所描述的反应物消失的速率太快。可以通过调整模型的数学结构解决，即采用将组分浓度变化微分方程幂函数的指数小于 1 的方法，可以延长反应物消失的速度。经试验，指数为 0.6 较为合适。修改后的部分微分方程形式如下：

$$\frac{\mathrm{d}C_A}{\mathrm{d}t} = -R_1^{0.6}$$

$$\frac{\mathrm{d}C_B}{\mathrm{d}t} = -R_1^{0.6}$$

$$\frac{\mathrm{d}C_C}{\mathrm{d}t} = -R_1^{0.6}$$

第二个问题，主要是主副反应的活化能和频率因子无法实际测定，而估计的数据偏差过大所致。定性的估计方法详见"反应动力学数据及物性数据"部分。经过以上方程结构和参数调整，使得反应动力学模型达到了十分逼真的效果。

3. 反应动力学数据及物性数据

（1）反应活化能及频率因子

实际反应过程主副反应的特点是，在较高的温度下有利于主反应，即主反应的反应速率大于副反应，在较低的温度下有利于副反应。大约在 90℃主副反应速率相等。主副反应速率曲线应当呈现图 13-4 的趋势。为了达到此目的，应当调整活化能 E_1、E_2 和频率因子 k_{01}、k_{02}。由于无法进行现场实测，而且本仿真软件只要求趋势上正确，因此可以凭经验反复进行仿真计算，最终得到三组可用数据，见表 13-3。

采用第一组数据计算出的对应温度 T 从 60℃~110℃主反应速率 R_1 和副反应速率 R_2 结果见

表 13-4。

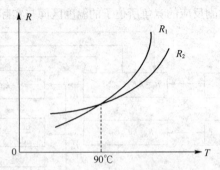

图 13-4　主副反应速率曲线

表 13-3　活化能与频率因子数据

分组序号	E_1	E_2	k_{01}	k_{02}
1	4×10^4	2×10^4	10^{24}	10^{13}
2	5×10^4	2.5×10^4	10^{31}	10^{16}
3	6×10^4	3×10^4	10^{38}	10^{20}

表 13-4　温度与反应速率数据

$T/℃$	R_1	R_2	$T/℃$	R_1	R_2
60	0.082	0.908	86	6.387	7.992
62	0.118	1.066	88	8.697	9.325
64	0.168	1.207	90	11.801	10.863
66	0.238	1.525	92	15.960	12.633
68	0.337	1.837	94	21.514	14.667
70	0.475	2.179	96	28.907	17.002
72	0.666	2.581	98	33.717	19.676
74	0.930	3.050	100	51.693	22.736
76	1.294	3.598	102	68.806	26.230
78	1.794	4.236	104	91.307	30.217
80	2.478	4.978	106	120.805	34.757
82	3.410	5.839	108	159.364	39.920
84	4.675	6.837	110	209.622	45.784

（2）二硫化碳的蒸气压计算

采用安托尼公式可以满足仿真要求。由反应温度 t 求二硫化碳蒸气压力 p 的公式为：

$$p = \exp\left(9.3514 + \frac{2690.85}{t + 241.53}\right)$$

式中　p ——二硫化碳蒸气压力；

　　　t ——反应温度。

（3）水蒸气温度计算

首先通过手册查出水蒸气压力与温度的关系数据，然后运用数值回归方法计算得出水蒸气温度与压力的关系如下：

$$t = 72.207 + 31.721p - 4.589p^2 + 0.2682p^3$$

式中　p ——水蒸气压力；

　　　t ——温度。

二、间歇反应设备尺寸和批量用料量

间歇反应流程中相关设备尺寸如下。

① 反应器（釜）

每釜容积 2500L（最大容积 2800L），直径 1400 mm，总高度 2000mm，桨式搅拌器，转速 90 r/min，搅拌电机功率 4.5kW。

② 二硫化碳计量罐

容积 150 升，直径 337 mm，高度 1700mm，正常液位 1400mm（溢流管高度）。

③ 邻硝基氯苯计量罐

容积 250 升，直径 443 mm，高度 1600mm，正常液位 1200mm（溢流管高度）。

④ 二硫化碳计量罐，邻硝基氯苯计量罐底到反应釜顶高差 1500 mm。

⑤ 邻硝基氯苯上料管、下料管和二硫化碳上料管、下料管公称直径 DN40mm。

⑥ 反应器蛇管冷却水管公称直径 DN50mm。

⑦ 反应器夹套冷却水管公称直径 DN65mm。

⑧ 反应物出料管公称直径 DN70mm。

间歇反应每釜批量用料量如表 13-5 所示。

表13-5　间歇反应每釜原料用量

序号	名　　称	纯物质量/kg	工业用量/L
1	多硫化钠	942	1800
2	邻硝基氯苯	237	185
3	二硫化碳	140	125

三、实验数据测试画面

间歇反应系统的实验数据测试画面如图 13-5 所示。

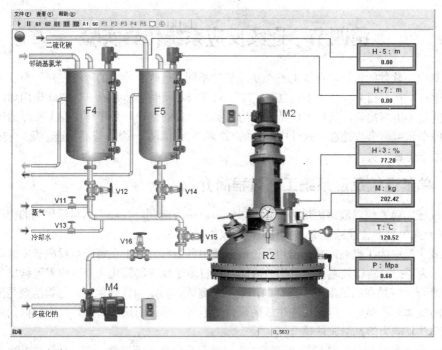

图 13-5　间歇反应系统实验数据测试画面

四、全屏高分辨率记录曲线画面

间歇反应系统的全屏化高分辨率记录曲线画面如图 13-6 所示。画面记录了间歇反应主要过程的重要变量的历史曲线。为了便于在同一个坐标图中分辨多条曲线，各曲线的上下限特意做了调整，详见图中的标注。

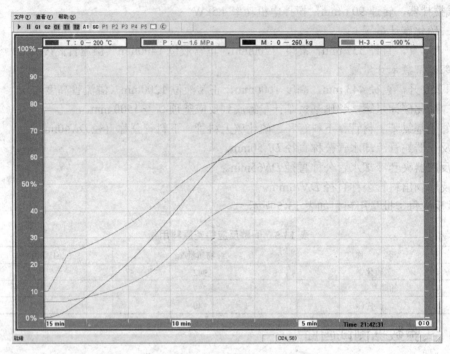

图 13-6　间歇反应系统的全屏化高分辨率记录曲线画面

第四节　连续反应系统仿真实验

本仿真实验软件的内容与前面的三个实验软件不同，是两个独立的程序在同一个软件平台中分别独立运行，互不相关。其中 G1、C1、T1、A1 和 Sc 画面仍然是原 PS-2000 聚丙烯两釜串联流程，不能用于仿真实验，其作用还是用于仿真实习，目的是让学生了解工业上实际的连续反应过程的开停车和主要事故处理。软件中增加的 G2 和 T2 画面是一个单釜简化连续反应实验系统，其目的是用于仿真实验。

一、单釜连续反应系统工艺过程简介

连续反应实验系统以液态丙烯为单体、以液态己烷为溶剂，在催化剂与活化剂的作用下，在反应温度(70±1.0)℃下进行悬浮聚合反应，得到聚丙烯产品。

在工业生产中为了提高产量，常用两釜或多釜串联流程。由于在每一个反应釜中的动态过程内容相似，为了提高实验效率，节省实验时间，特将多釜反应器简化为单反应器连续操作系统。

丙烯聚合反应是在己烷溶剂中进行的，采用了高效、高定向性催化剂。己烷溶剂是反应生成物聚丙烯的载体，不参与反应，反应生成的聚丙烯不溶于单体丙烯和溶剂，反应器内的物料为淤浆状，故称此反应为溶剂淤浆法聚合。

连续反应实验系统包括带搅拌器的釜式反应器。反应器为标准盆头釜，为了缩短实验时间，必须减小时间常数，亦即缩小反应器容积，缩小后的反应器尺寸为：直径 1000 mm，釜底到上端盖法兰高度 1376 mm，反应器总容积 1.037 m³，反应釜液位量程选定为 0～1300 mm（0～100%）。反应器耐压约 2.5MPa，为了安全，要求反应器在系统开、停车全过程中压力不超过 1.5 MPa。反应器压力报警上限值为 1.2 MPa。

丙烯聚合反应过程主要有三种连续性进料（控制聚丙烯分子量的氢气在实验中不考虑）：第一种是常温液态丙烯，FR-4 为丙烯进料流量、V4 是丙烯进料双效阀；第二种是常温液态己烷，FR-5 是己烷进料流量、V5 是己烷进料阀；第三种是来自催化剂与活化剂配制单元的常温催化剂与活化剂的混合液，FR-6 为催化剂混合液进料流量，V6 催化剂混合液进料阀。催化剂可以用三氯化钛（TiCl₃），活化剂可以用一氯二乙基铝[Al(C₂H₅)₂Cl]，两种化合物用己烷溶剂稀释成混合液，催化剂浓度 4%，活化剂与催化剂摩尔浓度之比为 2：1。由于催化剂量小，常用计量泵控制，在本实验中用精小型控制阀代替。

反应压力测量指示位号为 PI-7，反应温度控制器位号是 TIC-1，反应生成的聚丙烯重量百分比浓度为 A，反应釜液位控制器位号是 LIC-4，蛇管冷却水流量位号是 FI-7，夹套冷却水流量位号是 FI-8，反应釜出料流量位号是 FI-9。有关变量的指示和单位详见流程图画面 G2，如图 13-7所示。该画面既是反应过程操作控制画面，也是实验数据测试画面。

二、连续反应过程特性

为了设计和实施安全、有效且高质量的连续反应过程，必须首先对连续反应过程的主要变量之间的影响关系和动态特性进行分析，必要时需定量测试。这些特性、影响关系和数据完全可以通过对本实验系统实施开车、停车或对主要变量进行偏离实验得到。这些实验在真实系统上，由于安全或经济效益的考虑，多数实验是不允许进行的。

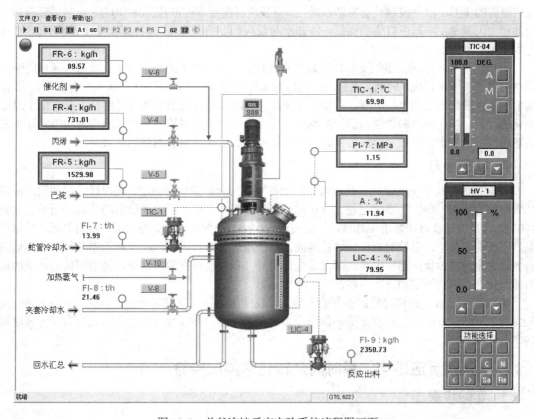

图 13-7　单釜连续反应实验系统流程图画面

下面对本连续反应过程的特性进行简要介绍。

1. 全混流反应器特征

由于本反应器有强力的搅拌作用，己烷溶剂又起到了很好的分散与稀释功能，使得反应器中的物料流动状态满足全混流假定，即反应器内各点的组成和温度都是均匀的，反应器的出口组成和温度与反应器内相同。

2. 反应停留时间

从反应物料进入反应器开始至该反应物料离开反应器为止所历经的时间称为停留时间。该时间与反应器中实际的物料容积和物料的体积流量有关。一般来说停留时间长，即进料流量小，则反应的转化率高。也就是说为了使出口聚丙烯的浓度提高，必须减少进料和出料流量。由于本反应器的物料流动状态满足全混流假定，可以采用平均停留时间的方法表达，反应平均停留时间等于反应器中物料实际容积除以反应器中参与反应的物料体积流量。

3. 反应温度

丙烯聚合反应属于放热反应，因此根据反应温度的高低能判断聚合反应速度的快慢。即当反应速度加快时，放出的热量增加，导致系统温度升高；反之，系统温度下降，因为此时出口物料流量和夹套冷却水会带走热量。放热反应属于非自衡的危险过程，当反应温度过高时，聚合反应速度加快，使得反应放出的热量增加，如果热量无法及时移走，则反应温度进一步升高。这种"正反馈"作用将导致"暴聚"事故。此时由于温度超高，系统压力必定超高，如果超过反应器所能耐受的压力，可能发生爆炸与火灾事故。即使不发生恶性事故，由于反应速度太快，聚合生成的都是低分子无规则状聚合物，产品也不合格。

在反应停留时间相同、催化剂量相同的条件下，聚合反应的转化率由反应温度所决定。控制反应温度的主要手段是控制夹套冷却水的流量。反应温度要求控制在(70±1.0)℃。影响夹套冷却作用的相关因素是反应器内料位的高低、冷却水与反应温度的温度差，料位高，换热面积大，温度差大，热交换推动力大。

反应温度和反应转化率的变化属于时间常数较大、惯性较大的高阶特性。冷却水流量的变化随阀门的开关变化较快，时间常数较小。当冷却水压力下降时（这种干扰在现场时有发生），即使阀位不变，冷却水流量也会下降，冷却水带走的热量减少，反应器中物料温度会上升。由于温度变化的滞后，当传感器和控制器进行控制时，已经滞后了。针对这一问题，应当选用能够减小滞后影响的控制方案。例如，串级控制系统的副回路能有限减少对象的时间常数。

4. 反应压力

反应压力的高低主要取决于反应器中丙烯的百分比含量和反应温度。纯丙烯的饱和蒸汽压在20℃时约为 1.0 MPa，70℃时已超过 3.0 MPa，温度继续升高，压力还会急剧升高。用不着达到100℃，本反应器就可能发生爆炸危险。实践证明丙烯与己烷混合后，饱和蒸汽压会降低，而且在温度不变的前提下，己烷的百分比含量越高，系统压力越低。因此，在反应器中必须防止丙烯的百分比含量过高、反应温度过高的情况发生。另外，在温度不变的条件下，调整丙烯与己烷的进料流量比，可以在一定的范围内控制反应器内压力。

在丙烯与己烷的进料流量比不变的前提下，反应压力随反应温度变化，即反应温度上升，反应压力也同步上升，反应温度下降，反应压力也同步下降。亦即反应压力升高表征着反应速度加快，转化率提高。

三、连续反应平均停留时间及转化率测试实验

1. 实验步骤

① 将软件选定为运行状态。

② 将阀门 V4 开度置 56%，V5 开度置 61%，V6 开度置 55%，相当于正常工况的进料状态。稳定工况后记录各进料流量 FR-4=731 kg/h，FR-5=1530 kg/h，FR-6=88.8kg/h。

③ 等待反应釜中的液位上升到 LIC-4=80% 以上，停止运行。从记录曲线画面量取液位从 0% 上升到 80% 所用的时间 $\tau \approx 784s$。

④ 参照操作规程将本系统开车到稳定工况。此时，LIC-4、TIC-1 控制器置自动状态。记录正常工况时与化学反应相关的变量数据如下：

$$A=11.99\% \qquad TIC\text{-}1=70℃ \qquad PI\text{-}7=1.03MPa$$

2. 连续反应平均停留时间估算

实际生产中通常将连续搅拌釜式反应器看作理想混合反应器。理想混合反应的特点是反应器内各点的组成均一，温度相等，且不随时间变化。在理想混合条件下，反应平均停留时间 τ 定义为反应进料将反应釜内实际反应物料体积充满所用的时间：

$$\tau = \frac{V}{V_0}$$

式中　V——反应釜内实际反应物料体积；

　　　V_0——反应进料体积流量。

$$V = \pi r^2 \times \frac{1.3 \times LIC\text{-}4}{100} = 3.1416 \times (0.5)^2 \times \frac{1.3 \times 80}{100} = 0.8168\,m^3$$

$$V_0 = \frac{FR\text{-}4}{\rho_1} + \frac{FR\text{-}5}{\rho_2} + \frac{FR\text{-}6}{\rho_3} = \frac{731}{540} + \frac{1530}{659} + \frac{88.8}{780} = 3.789\,m^3/h$$

式中　ρ_1——液态丙烯常温密度，kg/m^3；

　　　ρ_2——液态己烷常温密度，kg/m^3；

　　　ρ_3——液态催化剂常温密度，kg/m^3。

计算反应平均停留时间：

$$\tau = \frac{V}{V_0} = \frac{0.8168}{3.776} \times 3600 = 776\,s$$

对照液位从 0% 上升到 80% 所用的时间 $\tau \approx 784s$，可以看出实际测量值和理论计算值相符。实际测定时间稍微长一点（4s），是由于流量从冷态起始惯性导致的渐变过程，使其无法立即达到正常流量所致。

3. 连续反应转化率估算

本反应的着眼点是丙烯转化为聚丙烯的转化率 X_A，物料的转化率定义为：

$$转化率\,X_A = \frac{转化了的物料A的量}{反应开始时物料A的量}$$

由于直接测定反应产物聚丙烯的质量百分比是产量核算的主要数据，而且容易测得，因此本实验给出了生成的聚丙烯质量百分比浓度 $A=11.99\%$。依据 A 可以计算每小时生成聚丙烯的质量 G，利用此质量近似转化为聚丙烯的液态丙烯的质量估算转化率。如果直接测定反应后剩余的丙烯质量推算转化了的丙烯质量，更加准确合理。

$$G = (FR\text{-}4 + FR\text{-}5 + FR\text{-}6) \times \frac{A}{100}$$

$$= (731 + 1530 + 88.8) \times \frac{11.99}{100} = 281.74\,kg/h$$

计算转化率：

$$X_A = \frac{G}{FR-4} \times 100\% = \frac{282}{731} \times 100\% = 38.6\%$$

四、全屏高分辨率记录曲线画面

连续反应系统的全屏化高分辨率记录曲线画面如图 13-8 所示。

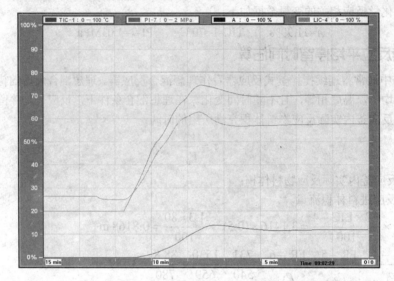

图 13-8　连续反应系统的全屏化高分辨率记录曲线画面

附录
仿真软件安装步骤说明及运行方法

一、PS-2000 仿真软件安装步骤

① 将光盘中的 setup.exe 执行文件拷入待安装的计算机桌面或自定义的文件夹中（或计算机上的其他分区盘），如图 1 所示。

② 双击 setup.exe 图标，屏幕显示 PS-2000 安装导航画面，如图 2 所示。

图1   图2

③ 单击"下一步"，屏幕显示许可协议画面，选"我同意此协议"，单击"下一步"，如图 3 所示。

④ 导航软件显示中间信息，单击"下一步"，如图 4 所示。

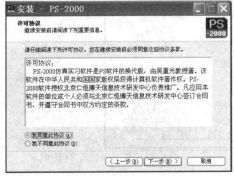
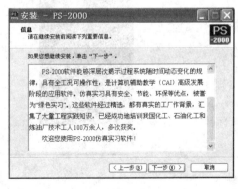

图3   图4

⑤ 如果希望在桌面创建快捷方式，在对话框中选定，如图 5 和图 6 所示。

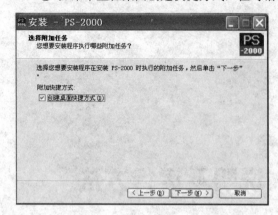

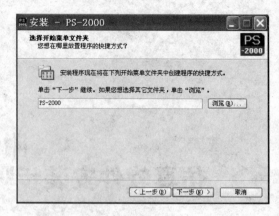

图 5   图 6

⑥ 导航软件提示选择安装加密狗"客户端运行时库"，PS-2000 软件安装完成，如图 7 和图 8 所示。

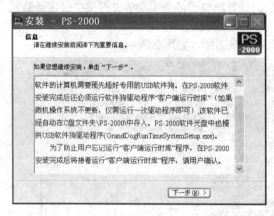

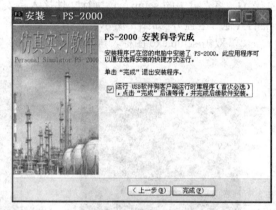

图 7   图 8

⑦ 按照加密狗驱动软件的安装提示操作，直到完成，如图 9 所示。

图 9

⑧ 软件安装完成。

安装 PS-2000 完成后，将自动生成两种仿真软件启动方式：其一，在桌面自动建立以 PS-2000 命名的文件夹（此外还建立了一个以 PS-2000 命名的空文件夹，如果不用可以删除），其中装有 9 个软件的桌面启动图标，如图 10 所示；其二，在"开始"菜单中自动建立各仿真软件的启动项，同时建立 PS-2000 仿真软件卸载项，如图 11 所示。

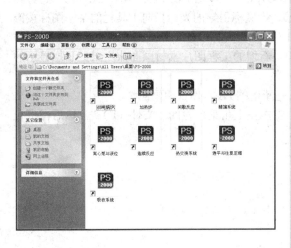

图 10   图 11

如果希望卸载 PS-2000 软件，选中卸载项，并且确认卸载选项，即可在数秒内将 PS-2000 软件在当前计算机中删除，如图 12 和图 13 所示。

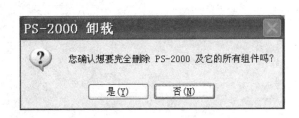

图 12   图 13

二、PS-2000 仿真软件运行方法提示

① PS-2000 的 9 个软件分别为独立运行模式，既可以从"开始"→菜单中选择运行某一个仿真实习软件，也可以从桌面的文件夹"PS-2000"中双击某一个快捷图标，选择运行某一个软件。

② 当选中某一个软件时，注意软件的启动有一个初始化过程，首先要等待数秒（老型号微机可能等待时间稍长一些），当标有"仿真实习软件"的启动画面出现时，继续等待数秒，直到画面左上角出现旋转的地球动画，此时软件处于待运行状态。注意当转动的地球动画出现之前，不

要急于反复双击快捷图标，以防启动同一软件的多个任务（如果出现启动多个同一任务时，本软件自动保留一个任务运行，并将其他任务终止）。

③ 仿真实习软件的操作、监视与控制，通过鼠标点击上方"工具栏"的图标按键选择进入相应的画面，同时在左下方的提示栏中给出文字提示。软件的操作激活，首先必须选择工具栏最左端的"红色三角"图标，软件即从启动画面自动进入第一流程图画面（G1）。

④ 仿真软件的主要操作画面有流程图画面（G1，G2，…）、控制组画面（C1，C2，…）、趋势画面（T1）、报警画面（A1）和自动评分画面（Sc），当鼠标引导的光标指向工具栏的某一图标按键时，提示栏中都有文字说明。

⑤ 工具栏中标有（P1，P2，…）的图标按键是新增的工程图片素材画面，注意提示栏显示的说明。

⑥ 工具栏中标有"一本书"的图标按键，是新增的 PS 操作说明画面。

⑦ 软件退出仅设一个出口，实现方法是，点击左上角菜单栏的"文件（F）"，然后在下拉菜单中选择"退出"，软件即终止运行且退出。